零失敗！低熱量的保鮮

Ice Cream

用微波爐在自家重現手作冰淇淋專賣店的極致美味

& Sherbet

木村幸子

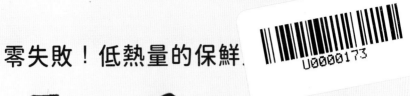

INTRODUCTION

前言

慢慢融化在口中，冰涼涼、甜蜜蜜的冰淇淋。剛洗完澡，就在冰淇淋的陪伴中，放鬆繃緊了一整天的神經，犒賞自己一下。
我很喜歡這種悠閒的時光，所以家裡的冰箱冷凍庫內，總是準備著各式口味的冰淇淋。

雖然很想每天盡情享受冰淇淋，但是，另一方面來說，如果天天吃那些含有滿滿鮮奶油的市售冰淇淋，還是令人擔心熱量的攝取超標。「如果這個世界上有每天都能放心吃的冰淇淋，那就太棒了！」從這個念頭出發，我研製了這份做法簡單的自製冰淇淋食譜，不僅對健康無負擔，而且只需要一般的保鮮盒和微波爐就可以輕鬆製作。

本書的食譜主要分成三大種類。

第一種是「沒有乳製品、沒有雞蛋，不使用白砂糖」的健康型冰淇淋，每天都可以放心享用。此外，也很適合那些對乳製品和雞蛋會過敏的人。

第二種是「不使用鮮奶油」& 以牛奶為基底的濃厚型冰淇淋，很適合拿來當作招待客人的甜點，或是作為給自己的小獎勵。

第三種是「不使用豆奶和牛奶」、濃縮了蔬菜或水果滋味的雪酪，在炎夏溽暑或是剛洗完澡之際大快朵頤，更是暢快淋漓。

由於工作的關係，我經常擔任各式食譜的監修顧問，參與甜點店、冰淇淋專賣店或食品製造商的冰淇淋研發製作。如果可以的話，真希望讓大家都能夠在自家親手做出可口的冰淇淋，重現如店鋪一般的美味！帶著這份期望，我寫下了這本書。

「自己真的有辦法在家裡做出冰淇淋嗎？」或許有些人會感到懷疑不安。不過，本書中介紹的所有食譜，幾乎都只是把食材放入保鮮盒、攪拌之後以微波爐加熱，最後再放入冰箱冷凍而已！這些做法，應該能夠讓各位感到「哇，做起來意外的簡單耶♪」。再加上食材的挑選也很單純，非常適合手工甜點的初學者來嘗試製作。

新鮮製成的手工自製冰淇淋特別美味，嚐一口，每個人的臉上都會漾出笑容。只要在自己喜歡的餐具或甜筒餅乾中盛入手作冰淇淋，一瞬間，別具心裁的獨特冰淇淋就完成了。

這是給自己、家人，或是某個重要的人的一份犒賞。冰淇淋絕對可以為各種美好的時刻增添上繽紛色彩。

若是本書能夠為各位的臉上帶來笑容，將是我無上的喜悅。

木村 幸子

CONTENTS

CHAPTER 1

基本款的冰淇淋

CHAPTER 2

冰淇淋健康篇

CHAPTER 3

冰淇淋濃厚篇

CHAPTER 4

冰淇淋雪酪篇

CHAPTER 5

冰淇淋蛋糕篇

[**本書的料理規則**]

關於食材和分量

● 本書使用容量820ml的保鮮盒，可用於微波爐和冷凍庫的款式。

● 保鮮袋的容量爲300ml，可用於冷凍庫。

● 雞蛋使用中型蛋（淨重爲50～55g）。

● 分量的表記：一杯爲200ml、一大匙爲15ml、一小匙爲5ml。

● 微波爐的加熱時間，是以輸出功率600W的情況爲基準。

● 關於冷凍時間或微波爐的加熱時間等，可能會由於機種或型號不同而有所差異，因此，書中表記的時間僅供參考，請根據食材的實際狀態來製作料理。

爲什麼每天吃也沒關係？

我之所以想要向各位介紹這份食譜，
就是因爲希望大家每天都能吃到美味的冰淇淋。
完全不使用鮮奶油或白砂糖等人工調味料的健康冰淇淋，
不僅對身體溫和無害，更是美味可口，就算每天吃也不會煩膩。

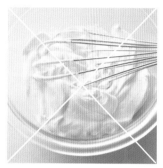  

1. 因爲不使用鮮奶油、白砂糖、吉利丁

在本書食譜中，刻意不使用一般人認爲冰淇淋不可或缺的邪惡成分，例如高熱量的鮮奶油、
營養價值低但醣質含量高的白砂糖等。此外，在不使用牛奶或雞蛋等動物性蛋白質的健康型
冰淇淋食譜中，常見的做法是以吉利丁作爲黏著劑，不過其實吉利丁也屬於動物性蛋白質的
一種，因此在本書的食譜配方中並未加以使用。

2. 因爲使用有益身體健康的油

在本書的食譜中，特別使用植物油來創造出健康型
冰淇淋的綿滑口感。我所選用的油品是太白胡麻油。
太白胡麻油含有豐富多元的營養素，例如亞麻油酸、
次亞麻油酸等不飽和脂肪酸，以及維生素E、芝麻
素等成分，具有降低血液中膽固醇濃度的效果及抗
氧化作用。除了太白胡麻油，使用玄米油也是OK
的。玄米油富含維生素E和生育三烯酚
(tocotrienol)等天然成分，據說也是一種相當有
益於美容保養的油品。

3. 帶來滿足感，吃完不會覺得空虛。
而且吃起來比一般市售商品安心太多了！

為了避免「口感不夠濃郁，沒有滿足感」、「甜味不足，有吃就跟沒吃一樣」的狀況，這份食譜中所選用的食材都經過精挑細選，必定能夠滿足大家渴望甜食的口腹之欲。不使用白砂糖，取而代之的是選用甜菜糖、蜂蜜或楓糖漿等食材來帶出甜味，心情上也同時大獲滿足。此外，自家手工製作的冰淇淋絕對不含人工添加物或防腐劑，因此就算天天享用也可以完全放心。

4. 冰淇淋的甜味，是甜菜糖、蜂蜜
或楓糖漿的天然甘甜（也可以使用龍舌蘭糖漿來取代）

在本書的食譜中，不使用白砂糖來做出甜味，而是選用甜菜糖、蜂蜜或是楓糖漿來增添甜蜜滋味。這些天然甜味劑的熱量其實也不算低，但是一般認為它們比白砂糖具有更高的營養價值。此外，素食主義者的讀者們也適用本食譜，只要在甜味劑的部分以龍舌蘭糖漿來取代即可（龍舌蘭糖漿的甜味比較強烈，使用的分量必須加以調整，大約是甜菜糖的分量減少25%左右）。

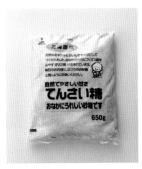  

5. 炎炎夏日時來一杯清爽雪酪、
想犒賞自己時吃一球濃郁綿滑的冰淇淋……，
豐富多變的食譜，滿足各種場合及心情需求

本書介紹的冰淇淋主要分成三個類型：健康型、濃厚型，以及雪酪。平常是以健康型冰淇淋解解饞，若是炎熱溽暑沒有食欲的狀況下就來一杯雪酪，身心疲憊需要甜食撫慰的時候就選用濃厚型冰淇淋……等，你一定可以在本書中找到符合不同心境或狀況需求的理想冰淇淋。

因爲使用保鮮盒，才這麼簡單！

爲了讓各位每天都能吃到美味的冰淇淋，因此在食譜做法上我也盡量追求簡潔快速。
不必準備鍋具，更不需要開火。只要使用保鮮盒(可用於微波爐和冷凍庫的款式)，
就可以輕鬆製作出美味無比的冰淇淋。

不需要任何特殊的器具！
即使是初學者也絕對不會
失敗

製作本書的冰淇淋食譜所需要的器具，就是在每
個家庭裡都很常見的保鮮盒。只要把食材放入保
鮮盒內、攪拌混合，再以微波爐加熱而已，就是
這麼簡單。不需要特殊的器具，任何人都可以輕
鬆做出美味成品。

蓋上盒蓋，微波爐一下！
可以直接拿去冷凍

使用可對應微波爐的保鮮盒，好處在於只要蓋上
盒蓋就可以直接放入微波爐加熱。將原料液稍微
靜置降溫之後，直接放入冰箱冷凍。保鮮盒同時
也兼任了調理盆、調理鍋的角色，可說是一物三
用。※如果保鮮盒的蓋子不耐熱，在加熱時改成
覆上耐高溫保鮮膜即可。

不需要再移到其他容器，
這樣就完成了！

加熱完成之後，原本的保鮮盒就可以直接放入冷
凍庫中保存，不需要再移到其他容器。稍微靜置
降溫，蓋上盒蓋，直接放入冰箱冷凍庫即可。「需
要清洗的餐具很少，下次還想要再做看看！」做
法簡單有效率，令人心中湧出一股熱情動力。

自製冰淇淋的美味訣竅

雖然這份食譜對任何人而言都非常簡單，
不過，想要讓自製手工冰淇淋更加美味，其實是有訣竅的。
以下幾點都是相當基本的做法，因此不需要過度擔心，只要稍微有一些概念即可。

食材要先計量之後再混合

不只是冰淇淋食譜，在甜點製作時食材的計量也十分重要。冰淇淋的製作雖然和烘焙甜點不同，不會因為食材分量的些微差異而導致膨脹或凹陷等失敗狀況，但是精準的計量與美味程度緊密相關。

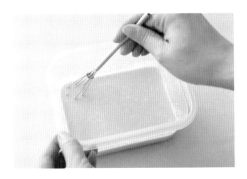

保鮮盒的各角落也要徹底攪拌均勻

與調理盆不同，大部分的保鮮盒是四方形，因此甜菜糖很容易堆積在角落處。攪拌時，特別留意容器角落也要仔細拌勻。若使用小型的打蛋器來攪拌，連最細微的角落也能夠混合均勻。

注意避免過度加熱

製作時請留意不要過度加熱，尤其是濃厚型冰淇淋的食譜。過熱會使雞蛋變硬，做出來的成品可能會變得像茶碗蒸一樣。如果覺得加熱不夠的時候，請逐次加熱10秒，避免一次加熱太久。

放入冰箱冷凍時要蓋上盒蓋
完全密封

將冰淇淋原料液放入冰箱內冷凍時，務必將盒蓋密實地蓋好，以防止盒內的液體不慎溢出。存放於冰箱內時，冰淇淋也可能沾染上其他食材的味道，或是因氧化而導致風味變質，請確實蓋好蓋子並密封保存。

使用的道具

在此介紹本書食譜中會使用到的各式器具。這次的主角就是耐熱保鮮盒。
其他就只是將食材秤重或混合時需要的小道具而已。
由於很少使用到鍋具或食物攪拌器等大型道具,所以可以輕鬆地開始執行這份冰淇淋食譜。

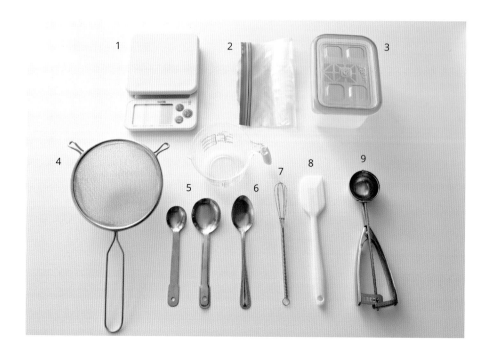

1.電子料理秤

食材秤重時不可或缺的道具。連極小分量的食材也可以正確量測,非常建議各位使用電子料理秤。

2.保鮮袋(適用於冷凍庫)

冰淇淋完成之後,也可以分裝到保鮮袋中存放。這種保存方式不占空間,相當推薦給各位。

3.保鮮盒(適用於微波爐·冷凍庫)

選用可以直接放入微波爐加熱的耐熱保鮮盒。在本書中,保鮮盒同時也作為調理盆和調理鍋之用,一物三用。

4.萬能過濾網(有把手的濾網)

過濾液體時使用。在本書中,含有雞蛋的原料液經過濾篩,口感會更加綿滑柔順。

5.量匙、量杯

在測量豆奶、牛奶和油品等液體時不可或缺的工具,尤其這次食譜中的液體品項很多,經常派上用場。

6.湯匙

主要用來刨鬆拌勻在冷凍庫中初步凝固塑形的冰淇淋。選用較大尺寸的湯匙,攪拌時會更順手。

7.打蛋器

在混合冰淇淋原料液的食材時,建議使用打蛋器來攪拌。在製作本書的冰淇淋時,若使用小型打蛋器會更加便利。

8.矽膠抹刀

在混合食材或盛舀原料液的時候使用。選用刀鏟和把手一體成型的款式比較衛生,最好是耐熱矽膠材質。

9.冰淇淋挖勺

挖取冰淇淋時會使用到的道具。雖然也可用湯匙取代,但如果希望做出漂亮的圓球形,就不能缺少冰淇淋挖勺。

使用的食材

冰淇淋會使用到的基本食材,其實非常簡單。
在基礎之上,另外添加水果或巧克力等各式食材來調味,
完成一道道獨具創意又美味可口的冰淇淋。

豆奶

在不使用動物性蛋白質的健康型冰淇淋食譜中,豆奶是不可或缺的重要成分。在本書中使用的是調製豆奶。

牛奶

本書中使用的是乳脂肪含量3.5%以上的牛奶。如果希望口感清爽一些,也可以選用低脂牛奶。如果可以,使用鮮奶最好。

豆腐

在不使用動物性蛋白質的健康型冰淇淋食譜中,嫩豆腐經常登場。在本書中使用口感細緻的嫩豆腐。

雞蛋

本書選用中型尺寸(淨重為50～55g)的雞蛋。由於冰淇淋在製作過程中不會充分加熱食材,建議在食材準備上選用越新鮮的產品越好。

太白胡麻油

這是不使用動物性蛋白質的健康型冰淇淋食譜中的基底油品。無味無臭,也幾乎沒有一般油品常見的油腥味。

玄米油

在製作不使用動物性蛋白質的健康型冰淇淋時,也可以選用玄米油來取代太白胡麻油。

玉米粉

這是製作健康型冰淇淋時所需要的黏著劑,用以增加冰淇淋成品的黏密質地及濃稠口感。

香草豆莢

用以增添風味。香草豆莢的風味馥郁迷人,如果沒有豆莢,也可以使用香草油來取代。

蜂蜜

比砂糖還更甜、富含多種營養的「全食物」,與柑橘類的水果(例如檸檬)滋味相當契合。

楓糖漿

這是以楓樹汁液製成的糖漿,富含多種礦物質。其他還有楓糖、楓糖奶油等製品。

龍舌蘭糖漿

由多種龍舌蘭植物的汁液混合提煉製成,它吃起來比砂糖更甜,是血糖生成指數(GI值,又稱升糖指數)較低的甜味劑。

甜菜糖

從甜菜中提製而出的一種蔗糖,含有天然寡醣(低聚醣),對腸胃十分溫和。

保存的祕訣

自製冰淇淋完成之後，最好的做法當然是盡快把它吃光光。如果一時間無法吃完，替換裝入保鮮袋保存、分裝成小盒也是不錯的做法。

POINT 1
確實關緊蓋子

如果蓋子沒有密實關好，有空氣進入，冰淇淋容易因為凍傷而流失風味。留意保鮮盒上蓋確實密封，防止多餘空氣進入。

POINT 2
分裝成一人份的小包裝

盡量避免讓冰淇淋多次暴露於空氣中，把冰淇淋分裝成小分量來保存，也是個很棒的方法！

POINT 3
保鮮袋也OK

1

從保鮮盒中取出冷凍完成的冰淇淋，以廚刀將冰淇淋切成細長的片狀。

2

將冰淇淋片依序放入可密封的保鮮袋中，排列整齊、盡量平整。

3

以手指輕輕壓碎冰淇淋，使原本的片塊消失，整體均勻分布。

4

擠出多於空氣後，將保鮮袋的封口確實密封，放入冷凍庫中保存。

將保鮮袋立起來保存在冷凍庫中，不占空間！

CHAPTER

1

——

基本款的
冰淇淋

ICE CREAM : BASIC

每天吃也很放心，不只美味可口，對健康也溫和無負擔的冰淇淋。
作爲冰品基底的香草口味冰淇淋，可分成二種類型：
使用豆奶和太白胡麻油的健康型、使用牛奶和雞蛋的濃厚型。
只要掌握這二種基本款的冰淇淋，就可以自由做出各種變化。

香草冰淇淋　　　　　　香草冰淇淋
（健康型）　　　　　　（濃厚型）
→ 第14頁　　　　　　→ 第16頁

香草冰淇淋 健康型

VANILLA / HEALTHY TYPE

使用豆奶、植物油和嫩豆腐製成的健康冰淇淋。
因為吃起來非常清爽，即使是平常不喜歡甜點的人也會品嚐得津津有味。

不使用 〉 乳製品　雞蛋　白砂糖

[食材] 3~4人份

豆奶…… 200ml

嫩豆腐 (無需去水,以廚房紙巾輕輕拭乾即可) …… 100g

太白胡麻油 (或是玄米油) …… 50ml

甜菜糖 …… 70g

玉米粉 …… 4g (2小匙)

香草豆莢 (或是改用少許香草油也可以) …… 1/3支

[使用保鮮盒的做法]

1	2	3

1
將甜菜糖和玉米粉加入保鮮盒中,充分混合均勻,再加入嫩豆腐,以打蛋器搗碎並持續攪拌至呈綿滑質地。

2
將豆奶和太白胡麻油 (或是玄米油) 加入1中,攪拌至均質乳化狀態。將香草豆莢剖開成兩瓣,取出中間的香草籽,把豆莢和香草籽都撒入,充分混勻。

3
將2蓋上盒蓋,放入微波爐加熱1分鐘,取出之後以打蛋器攪拌均勻。接著逐次加熱10秒、取出攪拌均勻,反覆此動作數次一直到甜菜糖完全溶解為止。

4	5	6

4
取出香草豆莢,將保鮮盒浸入冰水盆中,攪拌冷卻。

5
把4蓋上盒蓋,放入冰箱中冷凍。

6
經過3～4小時,待原料液初步結凍凝固之後,從冷凍庫中取出,以湯匙將全體均勻刨碎。反覆此步驟2～3次,冰淇淋冷凍完成。

[使用鍋子的做法]

1. 將甜菜糖和玉米粉加入鍋子內,充分混合均勻,接著加入嫩豆腐,以打蛋器搗碎並持續攪拌至綿滑狀態。

2. 將豆奶和太白胡麻油 (或是玄米油) 加入1中,攪拌至均質乳化狀態。將香草豆莢剖開成兩瓣,取出中間的香草籽,把豆莢和香草籽都撒入,開火加熱,將原料液烹煮至稍微濃稠的狀態。

3. 將2移到保鮮盒中,接著依照上述【使用保鮮盒的做法】步驟4～6來製作。

香草冰淇淋 濃厚型

VANILLA / RICH TYPE

這款冰淇淋的成分中明明沒有添加鮮奶油，卻擁有驚人的濃郁綿密口感。
使用大量雞蛋的懷舊滋味，令人陷入美味的回憶漩渦中，一吃就上癮。

不使用 〉 白砂糖

[食材] 3~4人份

牛奶 …… 300ml
蛋黃 …… 3個
甜菜糖 …… 60g
香草豆莢(或是改用少許香草油也可以) …… 1/3支

[使用保鮮盒的做法]

1

將蛋黃和甜菜糖加入保鮮盒中,充分混合均勻。

2

將牛奶分次慢慢倒入1中,攪拌至均質乳化狀態。將香草豆莢剖開成兩瓣,取出中間的香草籽,把豆莢和香草籽都撒入,充分混勻。

3

將保鮮盒蓋上盒蓋,放入微波爐加熱1分鐘,取出之後以打蛋器攪拌均勻。

4

接著逐次加熱10秒、取出攪拌,反覆此動作數次一直到原料液變得稍微濃稠為止。

5

以濾網過濾原料液至另一個保鮮盒中,浸入冰水盆中降溫冷卻,之後蓋上盒蓋,放入冰箱中冷凍。

6

經過3～4小時,待原料液初步結凍凝固之後,從冷凍庫中取出,以湯匙均勻攪拌刨碎。反覆此步驟2～3次,冰淇淋冷凍完成。

[使用鍋子的做法]

1. 將牛奶和一半分量的甜菜糖加入鍋子內。將香草豆莢剖開成兩瓣,取出中間的香草籽,把豆莢和香草籽都撒入,攪拌混勻,加熱至快要沸騰的程度。

2. 另外拿一個容器,加入蛋黃和剩下一半的甜菜糖,混合均勻,將1分次慢慢加入並攪拌至均質乳化狀態,再倒回原本的鍋子內。

3. 開小火加熱2,持續攪拌,一直煮到原料液變得濃稠為止(大概是以木鏟或耐熱矽膠抹刀掬起原料液,用手指觸摸之後的痕跡會暫留一下、不會馬上消失的狀態)。

4. 依照上述【使用保鮮盒的做法】步驟5～6來製作。

自製淋醬的食譜

VARIOUS SAUCES

只是一個淋上的動作，就能夠使美味再加分，淋醬的做法其實非常簡單。
原本再尋常不過的冰淇淋，立刻升級為尊爵不凡的高級甜點！

02
RASPBERRY SAUCE

01
CHOCOLATE SAUCE

03
RICH MAPLE SAUCE

01

CHOCOLATE SAUCE

巧克力醬

[食材] 方便製作的分量

甜菜糖 ····· 80g

可可粉(無糖) ····· 30g

水 ····· 50ml

[做法]

1. 把所有食材放入保鮮盒中,仔細攪拌均勻,
   直至甜菜糖完全溶化、呈濃稠淋醬的狀態。

02

RASPBERRY SAUCE

覆盆子果醬

[食材] 方便製作的分量

覆盆子果泥(冷凍) ····· 100g

檸檬汁 ····· 1小匙

水 ····· 2大匙

蜂蜜 ····· 1小匙

[做法]

1. 將水加入保鮮盒中,蓋上盒蓋,放入微波
   爐加熱1分鐘至水沸騰(如果水沒有沸騰的話,
   就持續分次加熱至沸騰爲止)。也可以把水放
   入鍋子內,開火加熱至沸騰的程度。

2. 將蜂蜜加入1中溶解,接著再加入剩餘材
   料,仔細混合均勻即完成。

03

RICH MAPLE SAUCE

濃厚楓糖醬

[食材] 方便製作的分量

水 ····· 50ml

太白胡麻油(或是玄米油) ····· 10ml(2小匙)

A ┌ 楓糖漿 ····· 50g
  │ 楓糖 ····· 50g
  └ 水 ····· 40g

[做法]

1. 將水加入保鮮盒中,蓋上盒蓋,放入微波爐加熱
   1分鐘至水沸騰(如果水沒有沸騰的話,就持續分次
   加熱至沸騰爲止),接著加入太白胡麻油(或是玄米
   油)攪拌均勻。也可以把水放入鍋子內,開火加
   熱至沸騰的程度,接著再加入太白胡麻油即可。

2. 另外拿一個保鮮盒,加入A,蓋上盒蓋,放入微
   波爐加熱1分鐘,攪拌均勻。接著逐次加熱10秒、
   取出攪拌,反覆此動作數次一直到醬汁變得稍微
   濃稠爲止。也可以把A加入鍋子內,熬煮一下至稍
   微濃稠的程度。

3. 當2的醬汁呈現濃稠狀態時,加入1,攪拌均勻
   即完成。

基本款的冰淇淋 + α 風味多變的玩心食譜

ADDITIONAL TOPPING TO UPGRADE

只要在基本款的冰淇淋中加入食材、攪拌混合一下，就能使美味度大躍進。
除了本書介紹的範例，也可以多多挑戰各式食材，打造屬於自己的原創冰淇淋！

01
ICE+CHOCOLATE

02
ICE+COOKIE

03
ICE+GRANOLA

04
ICE+DRIED FRUIT

01
ICE+CHOCOLATE

冰淇淋＋巧克力

將喜歡的巧克力(例如牛奶巧克力或深黑苦甜巧克力)溶化，加入冰淇淋中混合均勻即可。適當地保留一部分巧克力的硬脆口感，也是個不錯的方法。

02
ICE+COOKIE

冰淇淋＋餅乾

用手把餅乾掰開成幾大塊，率性地加入冰淇淋中！原味或可可亞餅乾都很棒，也可以試著加入各式餅乾，創造出自己的獨特口味。

03
ICE+GRANOLA

冰淇淋＋綜合堅果燕麥片

綜合堅果燕麥片很容易吃到指剩下一點點，這種時候不妨把它們混合加入冰淇淋中吧。裡面有麥片、玄米、果乾等，多元組合變化出不同口感，吃起來真有趣！

04
ICE+DRIED FRUIT

冰淇淋＋水果乾

水果乾和冰淇淋的契合度也非常完美。不要只加入一種水果乾，加入自己喜歡的各種水果乾，打造出屬於自己的創意美味組合。

盛裝的技巧

難得自己親手製作冰淇淋，在盛裝時當然絕對不想失敗。學會甜點的盛盤技巧，讓大家一看到冰淇淋上桌就忍不住大呼「看起來好好吃哦！」。

POINT 1

挖取冰淇淋之前，
湯匙、挖勺要先
浸泡熱水加溫

在使用湯匙或冰淇淋挖勺之前，一定要把器具浸泡熱水加溫過。如果使用冷冰冰的器具來挖取，通常很難把冰淇淋漂亮地挖掘起來。

POINT 2

從遠處往身體的方向
挖取

挖冰淇淋時，是從遠處往身體的方向挖取。讓冰淇淋在挖勺中滾動，就可以做出漂亮的圓球形。

POINT 3

若冰淇淋成品凍得太過堅硬，
就先從冷凍庫拿出來暫放到
冷藏室退冰

如果冰淇淋的成品凍得太過堅硬不好挖取，先暫時把它放到冷藏室，待冰淇淋退冰稍微軟化之後，就會變得容易挖取。

CHAPTER

2

冰淇淋
健康篇

ICE CREAM : HEALTHY

以豆奶和嫩豆腐取代牛奶和雞蛋、使用植物性油品製作而成的
健康型冰淇淋,非常適合作為日常小點心。
大部分都是滋味清爽、低糖低脂的冰淇淋食譜,
吃起來沒有罪惡感,每天都能放心的大快朵頤。

蜂蜜草莓冰淇淋
→ 第24頁

木瓜冰淇淋
→ 第26頁

紅蘿蔔&葡萄乾冰淇淋
→ 第28頁

巧克力香蕉冰淇淋
→ 第30頁

柳橙冰淇淋
→ 第32頁

地瓜冰淇淋
→ 第34頁

咖啡豆奶冰淇淋
→ 第36頁

酒粕冰淇淋
→ 第38頁

蕎麥冰淇淋
→ 第40頁

黃豆粉麻糬冰淇淋
→ 第42頁

黑糖南瓜冰淇淋
→ 第44頁

艾草冰淇淋
→ 第46頁

什穀米冰淇淋
→ 第47頁

檸檬冰淇淋
→ 第48頁

蜂蜜草莓冰淇淋

HONEY STRAWBERRY ICE CREAM

使用大量新鮮草莓製成，並運用豆奶和嫩豆腐來打底，讓冰淇淋成品更顯健康。
恰到好處的水果酸味和蜂蜜的清香甜蜜，合奏出無懈可擊的美味旋律。

不使用 〉 乳製品　雞蛋　白砂糖

[食材] 2~3 人份

豆奶 …… 90ml
嫩豆腐(無需去水，以廚房紙巾輕輕拭乾即可) …… 40g
太白胡麻油(或是玄米油) …… 25ml(1又2/3大匙)
蜂蜜 …… 42g(2大匙)
蜂蜜草莓醬(做法參照下方) …… 100g

蜂蜜草莓醬方便製作的分量(250g)
草莓 …… 200g
蜂蜜 …… 4大匙
檸檬汁 …… 1/2小匙

[使用保鮮盒的做法]

1. 將嫩豆腐加入保鮮盒中，以打蛋器壓碎並攪拌至綿密泥狀，接著加入豆奶、太白胡麻
   油(或是玄米油)、蜂蜜、蜂蜜草莓醬，仔細攪拌均勻。

2. 依照基本款的健康型冰淇淋【使用保鮮盒的做法】步驟 5 ～ 6 (參照第15頁) 來製作。
   依個人喜好，再另外淋上蜂蜜草莓醬(分量外)也很美味。

[蜂蜜草莓醬的製作方法]

1. 摘除草莓的蒂頭、將大顆的草莓對切成半，加入保鮮盒中，接著加入2大匙的蜂蜜，
   混合均勻，於室溫靜置30分鐘左右。

2. 將1蓋上盒蓋，放入微波爐加熱1～2分鐘，取出保鮮盒，將草莓壓碎並攪拌均勻。接
   著逐次加熱1分鐘、取出攪拌，過程中耐心撈起白色浮沫，反覆加熱及攪拌的動作一
   直到呈濃稠的果醬狀為止。

3. 最後加入檸檬汁和2大匙蜂蜜，混合均勻即完成 (稍微靜置降溫之後，放入冰箱冷藏保存)。

* 若是以鍋子製作蜂蜜草莓醬，首先依照上述的步驟1製作，步驟2則是將所有食材都放入鍋
  子內，開火加熱，沸騰之後轉小火熬煮，耐心撈起白色浮沫。當食材熬煮至呈濃稠的果醬
  狀時，最後加入檸檬汁和2大匙蜂蜜，混合均勻即完成。

木瓜冰淇淋

PAPAYA ICE CREAM

使用甜美多汁的新鮮木瓜，製作出香氣豐郁的冰淇淋。
建議選用已經熟透的木瓜，增加冰淇淋的濃厚口感，美味度不同凡響。

不使用 〉 乳製品 雞蛋 白砂糖

[食材] 3~4人份

豆奶 …… 100ml
嫩豆腐
(無需去水，以廚房紙巾輕輕拭乾即可) …… 50g
太白胡麻油(或是玄米油) …… 30ml(2大匙)
甜菜糖 …… 60g
玉米粉 …… 4g
木瓜 …… 200g
檸檬汁 …… 1小匙

A ⎰ 木瓜 …… 80g
⎱ 甜菜糖 …… 15g
香草豆莢
(或是改用少許香草油也可以) …… 少量

[使用保鮮盒的做法]

1. 將A的木瓜去皮、去種籽，切成邊長1 ～ 2cm的方形小丁，將剩下的A食材加入保鮮盒中
   (香草豆莢剖開成兩瓣，取出中間的香草籽，將豆莢和香草籽都加入)，混合均勻，蓋上盒蓋，放
   入微波爐加熱1分鐘，取出保鮮盒，仔細攪拌均勻。持續分次加熱、攪拌均勻，直到甜菜
   糖完全溶解為止，取出香草豆莢，靜置冷卻。

2. 另外再拿一個保鮮盒，加入甜菜糖和玉米粉，混合均勻，接著加入嫩豆腐，以打蛋器搗碎
   並攪拌至綿密泥狀。

3. 將豆奶、太白胡麻油(或是玄米油)加入2中，充分攪拌均勻。

4. 將3蓋上盒蓋，放入微波爐加熱1分鐘，取出保鮮盒，以打蛋器攪拌均勻。接著逐次加熱10
   秒、取出攪拌均勻，反覆此動作數次一直到甜菜糖完全溶解為止。

5. 將4浸入冰水盆中降溫冷卻，之後加入以叉子搗碎完成的木瓜果泥和檸檬汁，充分攪拌均勻。

6. 將5蓋上盒蓋，放入冰箱冷凍3 ～ 4小時，待原料液初步結凍凝固之後，從冷凍庫中取出，
   以湯匙將全體均勻刨碎。反覆此步驟2 ～ 3次，冰淇淋冷凍完成。

7. 最後再加入1，混合均勻即完成。

[使用鍋子的做法]

1. 將A的木瓜去皮、去種籽，切成邊長1 ～ 2cm的方形小丁，將剩
   下的A食材放入鍋中(香草豆莢剖開成兩瓣，取出中間的香草籽，將
   豆莢和香草籽都加入)，開火加熱至稍微濃稠的程度，靜置冷卻。

2. 做法如基本款的香草冰淇淋(健康型)【使用鍋子的做法】步驟1 ～
   2，去除其中香草的部分(參照第15頁)，之後加入以叉子搗碎完
   成的木瓜果泥和檸檬汁，充分攪拌均勻。

3. 將原料液移到保鮮盒中，接著依照上述【使用保鮮盒的做法】步驟
   6 ～ 7來製作。

紅蘿蔔 & 葡萄乾冰淇淋

CARROTS AND RAISINS ICE CREAM

就算是原本討厭蔬菜的小孩，也會愛上這款超好吃的紅蘿蔔冰淇淋！
紅蘿蔔的自然微甜搭配上葡萄乾的口感，充滿樂趣的獨特冰淇淋。

不使用 ＞ 乳製品　雞蛋　白砂糖

[食材] 4~5 人份

豆奶 ⋯⋯ 150ml
嫩豆腐（無需去水，以廚房紙巾輕輕拭乾即可）⋯⋯ 75g
楓糖漿 ⋯⋯ 110g
太白胡麻油 (或是玄米油) ⋯⋯ 90ml(6大匙)
紅蘿蔔 ⋯⋯ 300g(淨重)
水 ⋯⋯ 1 大匙
葡萄乾 (如果使用橄欖油漬葡萄乾，事先以熱水沖燙去除油分) ⋯⋯ 3 大匙

[使用保鮮盒的做法]

1. 去除紅蘿蔔外皮、切成 1cm 厚的圓片，將紅蘿蔔和水加入保鮮盒中，蓋上盒蓋，放入微波爐加熱 4 分鐘。

2. 使用搗碎器或叉子將 1 搗成細碎泥狀。如果紅蘿蔔搗不碎時，可以再多次加熱紅蘿蔔至軟化狀態。

3. 將嫩豆腐和楓糖漿加入 2 中，混合均勻，接著再加入豆奶、太白胡麻油(或是玄米油)，仔細攪拌均勻。

4. 放入冰箱冷凍 3 ～ 4 小時，待原料液初步結凍凝固之後，從冷凍庫中取出，以湯匙將全體均勻刨碎。反覆此步驟 2 ～ 3 次，冰淇淋冷凍完成。最後再加入葡萄乾，混合均勻即完成。

巧克力香蕉冰淇淋

CHOCOLATE BANANA ICE CREAM

超級經典的巧克力香蕉冰淇淋，竟然可以做成健康版，眞是太令人開心了！
滋味濃郁卻不會過甜膩口，這是男女老少都愛不釋手的美味。

不使用 〉 乳製品　雞蛋　白砂糖

[食材] 2~3人份

香蕉(熟透)⋯⋯ 1又1/2根(150g)
豆奶⋯⋯ 70ml
可可粉(無糖)⋯⋯ 6g(1大匙)
太白胡麻油(或是玄米油)⋯⋯ 1大匙
楓糖漿⋯⋯ 1又2/3大匙

[使用保鮮盒的做法]

1. 將香蕉和可可粉放入保鮮盒中，以叉子搗碎香蕉並攪拌均勻。

2. 將豆奶、太白胡麻油(或是玄米油)、楓糖漿加入1中，仔細攪拌混合均勻。

3. 將2蓋上盒蓋，放入冰箱冷凍3～4小時，待原料液初步結凍凝固之後，從冷凍庫中取出，以湯匙將全體均勻刨碎。反覆此步驟2～3次，冰淇淋冷凍完成。

柳橙冰淇淋

ORANGE ICE CREAM

徹底活用新鮮柳橙的各個部位，巧手製成充滿果香、清新爽口的冰淇淋。
最後混合加入糖漬橙皮，甜蜜微苦的滋味令人忍不住上癮。

不使用 〉 乳製品　雞蛋　白砂糖

[食材] 3~4人份

豆奶…… 100ml

柳橙汁…… 200ml

柳橙皮(磨碎的柳橙皮屑)…… 1個份

干邑橙酒(若沒有也沒關係)…… 2小匙

太白胡麻油(或是玄米油)…… 60ml

甜菜糖…… 85g

玉米粉…… 4g(2小匙)

糖漬柳橙(材料參照右方)…… 60g

糖漬柳橙方便製作的分量

柳橙…… 1顆

水…… 200ml

甜菜糖…… 60g

[使用保鮮盒的做法]

1. 將甜菜糖和玉米粉放入保鮮盒，混合均勻，接著加入豆奶、柳橙汁、柳橙皮、太白胡麻油(或是玄米油)，仔細攪拌均勻。

2. 將1蓋上盒蓋，放入微波爐加熱1分鐘，取出保鮮盒，以打蛋器攪拌均勻。接著逐次加熱10秒、取出攪拌均勻，反覆此動作數次一直到甜菜糖完全溶解爲止。

3. 加入干邑橙酒，將保鮮盒浸入冰水盆中，攪拌冷卻。

4. 將3蓋上盒蓋，放入冰箱冷凍。 經過3～4小時，待原料液初步結凍凝固之後，從冷凍庫中取出，以湯匙將全體均勻刨碎。反覆此步驟2～3次，冰淇淋冷凍完成。最後再撒入切得細碎的糖漬柳橙，攪拌均勻即完成。

[使用鍋子的做法]

1. 將甜菜糖和玉米粉加入鍋子內，混合均勻，接著加入豆奶、柳橙汁、柳橙皮、太白胡麻油(或是玄米油)，混合均勻，開火加熱，烹煮至甜菜糖完全溶解的程度。

2. 將原料液移到保鮮盒中，接著依照上述【使用保鮮盒的做法】步驟3～4來製作。

[糖漬柳橙的製作方法]

1. 先用鹽(上述食材分量之外)搓揉摩擦柳橙外皮，再以熱水沖燙過，接著以清水沖洗乾淨，切成5mm厚的圓片。

2. 將水和甜菜糖加入保鮮盒，蓋上盒蓋，放入微波爐加熱1分鐘，取出之後以打蛋器攪拌均勻。接著逐次加熱10秒、取出攪拌均勻，反覆此動作數次一直到甜菜糖完全溶解爲止。

3. 將2加入1中，蓋上盒蓋，放入微波爐加熱2～3分鐘。將柳橙翻面，繼續加熱2～3分鐘。反覆上述翻面及加熱的動作直到柳橙片軟化爲止，靜置至完全冷卻。

地瓜冰淇淋

SWEET POTATO ICE CREAM

經常出現在餐桌上的地瓜,如果量太多用不完的時候,不妨把它做成冰淇淋吧!
地瓜原有的天然甘甜,牽引出樸素美好的滋味。

不使用 〉 乳製品 　雞蛋 　白砂糖

[食材] 3~4人份

豆奶 ⋯⋯ 150ml

嫩豆腐
(無需去水,以廚房紙巾輕輕拭乾即可) ⋯⋯ 75g

太白胡麻油(或是玄米油) ⋯⋯ 30ml(2大匙)

楓糖漿 ⋯⋯ 50g、30g

濃厚楓糖醬(做法參照第19頁) ⋯⋯ 適量

地瓜(鳴門金時) ⋯⋯ 150g

焙煎黑芝麻 ⋯⋯ 適量

[使用保鮮盒的做法]

1. 將地瓜連皮洗淨,切成1cm厚的圓片,加入保鮮盒中,蓋上盒蓋,放入微波爐加熱4分鐘。

2. 將楓糖漿50g加入1中並攪拌均勻,蓋上盒蓋,放入微波爐加熱1分鐘,拿出來攪拌一下,再次蓋上盒蓋以微波爐加熱1分鐘。

3. 從2的地瓜片中取出30g作爲最後裝飾用,以搗碎器或叉子將剩餘的地瓜連皮搗拌至碎泥狀。

4. 將嫩豆腐加入3中,混合均勻,接著再加入豆奶、太白胡麻油(或是玄米油)、楓糖漿30g,仔細攪拌均勻。

5. 將4蓋上盒蓋,放入冰箱冷凍3～4小時,待原料液初步結凍凝固之後,從冷凍庫中取出,以湯匙將全體均勻刨碎。反覆此步驟2～3次,冰淇淋冷凍完成。盛裝時,擺上3預先保留作裝飾用的地瓜片、撒上焙煎黑芝麻,最後再淋上濃厚楓糖醬即完成。

咖啡豆奶冰淇淋

SOY MILK COFFEE ICE CREAM

咖啡釋放出深沉香醇的苦味，特別受到大人喜愛的風味冰淇淋。
與酒或咖啡的契合度也很棒，非常推薦作為夜晚的甜點。

不使用〉 乳製品 雞蛋 白砂糖

[食材] 3~4人份

豆奶 ⋯⋯ 200ml

嫩豆腐(無需去水，以廚房紙巾輕輕拭乾即可) ⋯⋯ 100g

太白胡麻油(或是玄米油) ⋯⋯ 50ml

甜菜糖 ⋯⋯ 80g

玉米粉 ⋯⋯ 4g(2小匙)

即溶咖啡粉 ⋯⋯ 8g

[使用保鮮盒的做法]

1. 將甜菜糖和玉米粉加入保鮮盒中，充分混合均勻，再加入即溶咖啡粉、嫩豆腐，以打蛋器搗碎並攪拌至呈綿滑質地。

2. 將豆奶、太白胡麻油(或是玄米油)加入1中，攪拌均勻。

3. 將2蓋上盒蓋，放入微波爐加熱1分鐘，取出保鮮盒，以打蛋器攪拌均勻。接著逐次加熱10秒，取出攪拌均勻，反覆此動作數次一直到即溶咖啡粉和甜菜糖完全溶解為止。

4. 將3的保鮮盒浸入冰水盆中，攪拌冷卻。

5. 將4蓋上盒蓋，放入冰箱冷凍3～4小時，待原料液初步結凍凝固之後，從冷凍庫中取出，以湯匙將全體均勻刨碎。反覆此步驟2～3次，冰淇淋冷凍完成。

[使用鍋子的做法]

1. 將甜菜糖和玉米粉放入鍋子內，充分混合均勻，再加入即溶咖啡粉、嫩豆腐，以打蛋器搗碎並攪拌至呈綿滑質地。

2. 將豆奶、太白胡麻油(或是玄米油)加入1中，開火加熱，將原料液烹煮至稍微濃稠的狀態。

3. 將2移到保鮮盒中，接著依照上述【使用保鮮盒的做法】步驟4～5來製作。

酒粕冰淇淋

SAKE LEES ICE CREAM

能夠徹底品嚐到酒粕特有的多層次豐郁風味，絕對是酒粕愛好者難以抗拒的極致美味。
搭配日本清酒一起享用也非常對味，充滿成熟大人味的冰淇淋。

不使用 〉 乳製品 雞蛋 白砂糖

[食材] 5~6人份

豆奶 ⋯⋯ 200ml

嫩豆腐（無需去水，以廚房紙巾輕輕拭乾即可）⋯⋯ 100g

太白胡麻油（或是玄米油）⋯⋯ 50ml

酒粕 ⋯⋯ 50g

甜菜糖 ⋯⋯ 95g

水 ⋯⋯ 70ml

[使用保鮮盒的做法]

1. 將甜菜糖和水加入保鮮盒中，蓋上盒蓋，放入微波爐加熱1分鐘，攪拌均勻。逐次加熱
   10秒、取出攪拌均勻，反覆此動作數次一直到甜菜糖完全溶解為止。將酒粕壓碎，分
   散地撒入保鮮盒中。

2. 將1蓋上盒蓋，放入微波爐加熱1分鐘，取出保鮮盒，以打蛋器攪拌均勻。接著逐次加
   熱10秒、取出攪拌，反覆此動作5次左右直到酒精完全揮發為止，靜置冷卻。

3. 另外拿一個保鮮盒，加入嫩豆腐，以打蛋器壓碎並攪拌至綿密泥狀，接著加入豆奶、太
   白胡麻油（或是玄米油），仔細攪拌均勻。

4. 將2加入3的保鮮盒中，蓋上盒蓋，放入冰箱冷凍3～4小時，待原料液初步結凍凝固之後，
   從冷凍庫中取出，以湯匙將全體均勻刨碎。反覆此步驟2～3次，冰淇淋冷凍完成。

[使用鍋子的做法]

1. 將甜菜糖和水加入鍋子內，開火加熱，待甜菜糖溶解之後，將壓碎的酒粕分散地加入鍋子內。

2. 保持小火，不時輕輕攪拌留意避免燒焦，待酒精揮發掉之後關火，靜置冷卻。

3. 依照上述【使用保鮮盒的做法】步驟3～4來製作。

蕎麥冰淇淋

SOBA ICE CREAM

以蕎麥粒製成的冰淇淋，感覺很適合作爲蕎麥麵店的料理收尾點心，
其實在自家也可以簡單做出來！馥郁迷人的香氣四溢，令人深深上癮。

不使用 〉 乳製品　雞蛋　白砂糖

[食材] 3~4 人份

豆奶 …… 200ml
嫩豆腐(無需去水，以廚房紙巾輕輕拭乾即可) …… 100g
太白胡麻油(或是玄米油) …… 50ml
甜菜糖 …… 70g
玉米粉 …… 4g(2小匙)
韃靼蕎麥茶(韃靼蕎麥粒) …… 8g

[使用保鮮盒的做法]

1. 將甜菜糖和玉米粉加入保鮮盒中，充分混合均勻，再加入嫩豆腐，以打蛋器搗碎並攪拌至呈綿滑質地。

2. 將豆奶、太白胡麻油(或是玄米油)加入1中，攪拌均勻。

3. 將2蓋上盒蓋，放入微波爐加熱1分鐘，取出保鮮盒，以打蛋器攪拌均勻。接著逐次加熱10秒、取出攪拌均勻，反覆此動作數次一直到甜菜糖完全溶解爲止。

4. 加入韃靼蕎麥茶，接著將保鮮盒浸入冰水盆中，攪拌冷卻。

5. 將4蓋上盒蓋，放入冰箱冷凍3～4小時，待原料液初步結凍凝固之後，從冷凍庫中取出，以湯匙將全體均勻刨碎。反覆此步驟2～3次，冰淇淋冷凍完成。

[使用鍋子的做法]

1. 將甜菜糖和玉米粉加入鍋子內，充分混合均勻，接著加入嫩豆腐，以打蛋器搗碎並攪拌至綿滑狀態，再加入豆奶、太白胡麻油(或是玄米油)，開火加熱，將原料液烹煮至稍微濃稠的狀態。

2. 將原料液移到保鮮盒中，接著依照上述【使用保鮮盒的做法】步驟4～5來製作。

黃豆粉麻糬冰淇淋

KINAKO MOCHI ICE CREAM

把日本經典甜點黃豆粉麻糬做成冰淇淋，甜蜜滋味令和菓子愛好者大滿足。
下文中介紹了日式牛皮麻糬的簡易做法，請各位務必挑戰試做看看。

不使用 〉 乳製品 雞蛋 白砂糖

[食材] 3~4 人份

豆奶 ⋯⋯ 200ml
嫩豆腐(無需去水，以廚房紙巾輕輕拭乾即可) ⋯⋯ 100g
太白胡麻油(或是玄米油) ⋯⋯ 50ml
甜菜糖 ⋯⋯ 85g
玉米粉 ⋯⋯ 4g(2小匙)
黃豆粉 ⋯⋯ 20g
日式牛皮麻糬 ⋯⋯ 50g(自製做法請參照下方。市售品的成分中通常都含有白砂糖)

日式牛皮麻糬方便製作的分量
┌ 白玉粉(糯米粉) ⋯⋯ 60g
A 甜菜糖 ⋯⋯ 60g
└ 水 ⋯⋯ 45ml
太白粉(馬鈴薯澱粉) ⋯⋯ 適量

[使用保鮮盒的做法]

1. 將甜菜糖和玉米粉加入保鮮盒中，充分混合均勻，再加入嫩豆腐，以打蛋器搗碎並攪拌至呈綿滑質地。

2. 將豆奶、太白胡麻油(或是玄米油)加入1中，攪拌均勻。

3. 將2蓋上盒蓋，放入微波爐加熱1分鐘，取出保鮮盒，以打蛋器攪拌均勻。接著逐次加熱10秒、取出攪拌均勻，反覆此動作數次一直到甜菜糖完全溶解為止。

4. 加入黃豆粉，將保鮮盒浸入冰水盆中，攪拌冷卻。

5. 將4蓋上盒蓋，放入冰箱冷凍3～4小時，待原料液初步結凍凝固之後，從冷凍庫中取出，以湯匙將全體均勻刨碎。反覆此步驟2～3次，冰淇淋冷凍完成。最後再加上切得細碎的日式牛皮麻糬，攪拌均勻。

[日式牛皮麻糬的製作方法]

1. 將A加入保鮮盒，混合均勻，蓋上盒蓋，放入微波爐加熱20秒，取出之後以打蛋器攪拌均勻。繼續逐次加熱、取出攪拌均勻，反覆此動作約5～6次，直到原料液出現明顯的黏性為止。

2. 將太白粉(馬鈴薯澱粉)均勻鋪一層在料理方盤中，再將1延展攤開平鋪在太白粉之上，切成小丁。

黑糖南瓜冰淇淋

BROWN SUGAR PUMPKIN ICE CREAM

使用鬆軟綿密的南瓜製成冰淇淋，顏色也相當繽紛漂亮！
南瓜和黑糖的甘甜在口中擴散開來，天然美味令人忍不住上癮。

不使用 | 乳製品 | 雞蛋 | 白砂糖

[食材] 3~4人份

豆奶 …… 150ml

嫩豆腐 (無需去水，以廚房紙巾輕輕拭乾即可) …… 75g

黑糖 (粉末) …… 75g

太白胡麻油 (或是玄米油) …… 30ml (2大匙)

南瓜 …… 200g (淨重)

烘焙南瓜籽仁 …… 適量

[使用保鮮盒的做法]

1. 去除南瓜的種籽、瓢和外皮，切成邊長約 3 ～ 4cm 的塊狀，加入保鮮盒中，蓋上盒蓋，放入微波爐加熱 4 分鐘。

2. 使用搗碎器或叉子將 1 搗成細碎泥狀。

3. 將嫩豆腐和黑糖加入 2 中，混合均勻，接著再加入豆奶、太白胡麻油 (或是玄米油)，仔細攪拌均勻。

4. 將 3 蓋上盒蓋，放入微波爐加熱 1 分鐘，取出保鮮盒，攪拌均勻。接著逐次加熱 10 秒、取出攪拌均勻，反覆此動作數次一直到黑糖完全溶解爲止。

5. 將保鮮盒浸入冰水盆中，攪拌冷卻。

6. 將 5 蓋上盒蓋，放入冰箱冷凍 3 ～ 4 小時，待原料液初步結凍凝固之後，從冷凍庫中取出，以湯匙將全體均勻刨碎。反覆此步驟 2 ～ 3 次，冰淇淋冷凍完成。

7. 最後裝飾上烘焙南瓜籽仁，完成。

艾草冰淇淋

YOMOGI ICE CREAM

艾草是春季旬味，天然的草本微苦造就出充滿大人味的和風冰淇淋。
在本食譜中使用的是艾草粉，若要改用新鮮艾草也很不錯。

不使用 〉 乳製品　雞蛋　白砂糖

[食材] 4~5人份

豆奶…… 200ml

嫩豆腐
(無需去水，以廚房紙巾輕輕拭乾即可)
　　…… 100g

太白胡麻油(或是玄米油)
　　…… 50ml

┌ 楓糖漿…… 100g
A 艾草粉…… 6g
└ 水…… 1大匙

[使用保鮮盒的做法]

1. 將A加入保鮮盒，混合均勻，蓋上盒蓋，放入微波爐加熱1分鐘，取出之後以打蛋器攪拌均勻。接著逐次加熱10秒、取出攪拌均勻，反覆此動作3～4次。

2. 將嫩豆腐加入1中，以打蛋器壓碎並攪拌至綿密泥狀，接著加入豆奶、太白胡麻油(或是玄米油)，仔細攪拌均勻。

3. 將2蓋上盒蓋，放入冰箱冷凍3～4小時，待原料液初步結凍凝固之後，從冷凍庫中取出，以湯匙將全體均勻刨碎。反覆此步驟2～3次，冰淇淋冷凍完成。

[使用鍋子的做法]

1. 將A加入鍋子內，混合均勻，開火加熱，待原料液沸騰後轉小火煮2～3分鐘。

2. 另外拿一個調理盆，將1加入盆中，再加入嫩豆腐，以打蛋器壓碎並攪拌至綿密泥狀，接著加入豆奶、太白胡麻油(或是玄米油)，仔細攪拌均勻。

3. 將原料液移到保鮮盒中，接著依照上述【使用保鮮盒的做法】步驟3來製作。

什穀米冰淇淋

MULTIGRAIN RICE ICE CREAM

只要將煮熟的什穀飯和冰淇淋食材混合一下就完成了，做法簡單到令人驚訝！
充滿嚼勁的Q彈口感讓人回味無窮，也可以使用吃剩的雜糧飯或白米飯來製作。

不使用 ▶ 乳製品　雞蛋　白砂糖

[食材] 3~4人份

A ⌈ 豆奶 …… 250ml
  ├ 太白胡麻油（或是玄米油）
  │　　…… 50ml
  └ 甜菜糖 …… 70g
什穀飯
（煮熟的，也可以使用吃剩的雜糧飯或白米飯）
　　…… 75g

[使用保鮮盒的做法]

1. 將A加入保鮮盒，混合均勻，蓋上盒蓋，放入微波爐加熱1分鐘，取出之後以打蛋器攪拌均勻。接著逐次加熱10秒、取出攪拌均勻，反覆此動作數次一直到甜菜糖完全溶解爲止。

2. 將什穀飯加入1中，蓋上盒蓋，放入微波爐加熱1分鐘，取出保鮮盒，以打蛋器攪拌均勻。接著逐次加熱、取出攪拌均勻，反覆此動作一直到什穀飯軟化爲止。

3. 將2蓋上盒蓋，放入冰箱冷凍3～4小時，待原料液初步結凍凝固之後，從冷凍庫中取出，以湯匙將全體均勻刨碎。反覆此步驟2～3次，冰淇淋冷凍完成。

[使用鍋子的做法]

1. 將A加入鍋子內，混合均勻，開火加熱，烹煮至甜菜糖完全溶解爲止。

2. 將什穀飯加入1中，轉以小火，烹煮至米飯軟化的程度。

3. 將2移到保鮮盒中，接著依照上述【使用保鮮盒的做法】步驟3來製作。

檸檬冰淇淋

LEMON ICE CREAM

檸檬的酸味和甜味達到絕妙平衡，口齒留香的絕品冰淇淋。吃起來的口感超棒，完全沒有使用牛奶或雞蛋，卻擁有讓人意想不到的濃郁滋味。

不使用 〉 乳製品　雞蛋　白砂糖

[食材] 3~4 人份

豆奶⋯⋯ 200ml

嫩豆腐
(無需去水，以廚房紙巾輕輕拭乾即可)⋯⋯ 100g

太白胡麻油(或是玄米油)⋯⋯ 50ml

甜菜糖⋯⋯ 70g

玉米粉⋯⋯ 4g(2 小匙)

檸檬汁⋯⋯ 40g

檸檬皮(磨碎的檸檬皮屑)⋯⋯ 1 又 1/2 個份

覆盆子果醬(做法參照第 19 頁)⋯⋯ 適量

[使用保鮮盒的做法]

1. 將甜菜糖和玉米粉加入保鮮盒中，充分混合均勻，再加入嫩豆腐，以打蛋器搗碎並攪拌至呈綿滑質地。

2. 將豆奶、太白胡麻油(或是玄米油)加入 1 中，攪拌均勻。

3. 將 2 蓋上盒蓋，放入微波爐加熱 1 分鐘，取出保鮮盒，以打蛋器攪拌均勻。接著逐次加熱 10 秒、取出攪拌均勻，反覆此動作數次一直到甜菜糖完全溶解為止。

4. 將檸檬汁和檸檬皮加入 3 中，再將保鮮盒浸入冰水盆中，攪拌冷卻。

5. 將 4 蓋上盒蓋，放入冰箱冷凍 3 ～ 4 小時，待原料液初步結凍凝固之後，從冷凍庫中取出，以湯匙將全體均勻刨碎。反覆此步驟 2 ～ 3 次，冰淇淋冷凍完成。將冰淇淋盛入容器中，依個人喜好淋上覆盆子果醬。

[使用鍋子的做法]

1. 將甜菜糖和玉米粉加入鍋子內，充分混合均勻，接著加入嫩豆腐，以打蛋器搗碎並攪拌至綿滑狀態，再加入豆奶、太白胡麻油(或是玄米油)，開火加熱，烹煮至甜菜糖完全溶解的程度。

2. 將原料液移到保鮮盒中，接著依照上述【使用保鮮盒的做法】步驟 4 ～ 5 來製作。

3

—

冰淇淋
濃厚篇

ICE CREAM : RICH

不只可以作爲日常的點心，在特別疲憊需要甜點撫慰之際、
想要犒賞辛苦打拚的自己時……，這些特別的時刻，
最適合享用一份香醇濃厚的冰淇淋。
竟然可以輕鬆在自家做出這些美味冰品，實在太開心了！

巧克力冰淇淋
→ 第50頁

開心果冰淇淋
→ 第52頁

芒果起司冰淇淋
→ 第54頁

堅果冰淇淋
→ 第56頁

白巧克力＆
蘭姆酒漬葡萄乾
→ 第58頁

黑芝麻冰淇淋
→ 第60頁

黑豆＆紅豆冰淇淋
→ 第61頁

抹茶冰淇淋
→ 第62頁

番茄羅勒冰淇淋
→ 第64頁

栗子冰淇淋
→ 第66頁

黑糖核桃冰淇淋
→ 第67頁

藍莓冰淇淋夾心三明治
→ 第68頁

焙茶甘納豆冰淇淋
→ 第70頁

巧克力冰淇淋

CHOCOLATE ICE CREAM

就像是在冰淇淋專賣店吃到的超濃郁冰淇淋，在家裡也可以簡單做出這種美味。
甜蜜厚實的巧克力滿溢口中，令人感覺滿滿幸福的奢侈甜點。

[食材] 3~4人份

牛奶……250ml
蛋黃……2個
甜菜糖……50g
香草豆莢
(或是改用少許香草油也可以)……1/5支
調溫巧克力(couverture chocolate)……80g

[使用保鮮盒的做法]

1. 將蛋黃和甜菜糖加入保鮮盒中，充分混合均勻。

2. 將牛奶分次慢慢倒入1中，攪拌至均質乳化狀態。將香草豆莢剖開成兩瓣，取出中間的
   香草籽，把豆莢和香草籽都撒入，充分混勻。

3. 將2蓋上盒蓋，放入微波爐加熱1分鐘，取出保鮮盒，以打蛋器攪拌均勻。接著逐次加
   熱10秒、取出攪拌均勻，反覆此動作數次一直到原料液變得稍微濃稠爲止。

4. 加入切得細碎的巧克力末，混合均勻，利用餘熱融化巧克力。

5. 以濾網將4過濾至另一個保鮮盒中，浸入冰水盆中降溫冷卻。

6. 將5蓋上盒蓋，放入冰箱冷凍3～4小時，待原料液初步結凍凝固之後，從冷凍庫中取出，
   以湯匙將全體均勻刨碎。反覆此步驟2～3次，冰淇淋冷凍完成。

[使用鍋子的做法]

1. 將牛奶、一半分量的甜菜糖加入鍋子內，將香草豆莢剖開成兩
   瓣，取出中間的香草籽，將豆莢和香草籽撒入混勻，開火加熱，
   烹煮至快要沸騰的程度。

2. 另外拿一個容器，加入蛋黃和剩下一半的甜菜糖，混合均勻，將1
   分次慢慢加入並攪拌至均質乳化狀態，再倒回原本的鍋子內。

3. 開小火加熱2，持續攪拌，一直煮到原料液變得濃稠爲止(大概
   是以木鏟或耐熱矽膠抹刀掬起原料液，用手指觸摸之後的痕跡會暫留
   一下、不會馬上消失的狀態)。

4. 依照上述【使用保鮮盒的做法】步驟4～6來製作。

開心果冰淇淋

PISTACHIO ICE CREAM

最近默默在甜點界大放異彩的人氣食材開心果，製成冰淇淋當然也是超級好吃。
口感濃厚卻不失清爽，不管是賣相或滋味都不會輸給冰淇淋專賣店！

不使用 〉 白砂糖

[食材] 3~4人份

牛奶 ⋯⋯ 300ml

蛋黃 ⋯⋯ 2個

甜菜糖 ⋯⋯ 70g

開心果果泥(無糖) ⋯⋯ 60g

綠色的烘焙用色粉(沒有也可以) ⋯⋯ 少量

開心果(切碎果仁) ⋯⋯ 適量

[使用保鮮盒的做法]

1. 將蛋黃和甜菜糖加入保鮮盒中，充分混合均勻。

2. 將牛奶分次慢慢倒入1中，攪拌至均質乳化狀態。

3. 將2蓋上盒蓋，放入微波爐加熱1分鐘，取出保鮮盒，以打蛋器攪拌均勻。接著逐次加熱10秒、取出攪拌均勻，反覆此動作數次一直到原料液變得稍微濃稠為止。

4. 將原料液過濾至另外一個保鮮盒中，加入開心果果泥和烘焙用色粉，混合均勻，將保鮮盒浸入冰水盆中降溫冷卻。

5. 將保鮮盒蓋上盒蓋，放入冰箱冷凍3～4小時，待原料液初步結凍凝固之後，從冷凍庫中取出，以湯匙將全體均勻刨碎。反覆此步驟2～3次，冰淇淋冷凍完成。最後依個人喜好，撒上開心果碎果仁裝飾。

[使用鍋子的做法]

1. 以上述食材，依照基本款的香草冰淇淋(濃厚型)【使用鍋子的做法】步驟1～3來製作，去除其中香草的部分(參照第17頁)。

2. 依照上述【使用保鮮盒的做法】步驟4～5來製作。

芒果起司冰淇淋

MANGO CHEESE ICE CREAM

在本書所有食譜之中,吃起來口感最濃郁的就是這款以芒果和起司製成的冰品。
甜度和酸度的比例恰到好處,令人隨時隨地都想一嚐這銷魂頂級的美味。

不使用 〉 白砂糖

[食材] 4~5 人份

愛文芒果(熟透) ⋯⋯ 150g(淨重)

A ⎡ 甜菜糖 ⋯⋯ 20g
  ⎣ 太白胡麻油(或是玄米油) ⋯⋯ 1 小匙

牛奶 ⋯⋯ 250ml

蛋黃 ⋯⋯ 2 個

甜菜糖 ⋯⋯ 80g

檸檬汁 ⋯⋯ 1 小匙

奶油起司 ⋯⋯ 200g

[使用保鮮盒的做法]

1. 將芒果去皮、去種籽,切成邊長 1～2cm 的方形小丁。將芒果和 A 加入保鮮盒中,混合均勻,放入微波爐加熱 1 分鐘,取出保鮮盒,將芒果壓碎並仔細拌勻。接著逐次加熱 10 秒、取出攪拌均勻,反覆此動作數次一直到原料液變得稍微濃稠為止。

2. 另外拿一個保鮮盒,加入蛋黃和甜菜糖,充分攪拌混合均勻。

3. 將牛奶分次慢慢倒入 2 中,攪拌至均質乳化狀態。將保鮮盒蓋上盒蓋,放入微波爐加熱 1 分鐘,取出之後以打蛋器攪拌均勻。接著逐次加熱 10 秒、取出攪拌,反覆此動作數次一直到原料液變得稍微濃稠為止。

4. 另外再拿一個保鮮盒,加入已退冰軟化的奶油起司和檸檬汁,混合均勻,接著以濾網將 3 過濾加入此保鮮盒內,仔細拌勻,將保鮮盒浸入冰水盆中降溫冷卻。

5. 將 4 蓋上盒蓋,放入冰箱冷凍 3～4 小時,待原料液初步結凍凝固之後,從冷凍庫中取出,以湯匙將全體均勻刨碎。反覆此步驟 2～3 次,冰淇淋冷凍完成。

6. 最後再加入 1 混合均勻就完成了。

[使用鍋子的做法]

1. 將芒果去皮、去種籽,切成邊長 1～2cm 的方形小丁,將芒果和 A 加入鍋子內,混合均勻,開火加熱至稍微濃稠的程度,靜置冷卻。

2. 以上述食材,參考基本款的香草冰淇淋(濃厚型)【使用鍋子的做法】步驟 1～3 來製作,去除其中香草的部分(參照第 17 頁)。

3. 加入已退冰軟化的奶油起司和檸檬汁,充分攪拌,再以濾網將 2 過濾加入鍋子內,混合均勻,接下來參照上述【使用保鮮盒的做法】步驟 5～6 來製作。

堅果冰淇淋

PRALINE ICE CREAM

療癒甜蜜與焦香微苦的絕妙交融，濃郁堅果風味的冰淇淋。
最後裝飾上焦糖炒堅果，充滿默契的最佳拍檔使成品更臻完美。

[食材] 3~4人份

牛奶 …… 300ml
蛋黃 …… 2個
甜菜糖 …… 35g
堅果果泥(市售品) …… 100g
焦糖炒堅果
(做法請參照右方) …… 40g

焦糖炒堅果方便製作的分量
核桃、杏仁、榛果等，各種個人喜好的堅果
(烘烤過) …… 40g
甜菜糖 …… 20g
水 …… 1小匙

[使用保鮮盒的做法]

1. 將蛋黃和甜菜糖加入保鮮盒中，充分混合均勻。

2. 將牛奶分次慢慢倒入1中，攪拌至均質乳化狀態。

3. 將2蓋上盒蓋，放入微波爐加熱1分鐘，取出保鮮盒，以打蛋器攪拌均勻。逐次加熱10秒、
取出攪拌均勻，反覆此動作一直到原料液變得稍微濃稠為止。

4. 將原料液過濾至另外一個保鮮盒中，加入堅果果泥，混合均勻，將保鮮盒浸入冰水盆中降溫
冷卻。

5. 將4蓋上盒蓋，放入冰箱冷凍3～4小時，待原料液初步結凍凝固之後，從冷凍庫中取出，
以湯匙將全體均勻刨碎。反覆此步驟2～3次，冰淇淋冷凍完成。最後再加入切碎的焦糖
炒堅果，混合拌勻。

[使用鍋子的做法]

1. 以上述食材，依照基本款的香草冰淇淋(濃厚型)【使用鍋子的做法】步驟1～3來製作，去除
其中香草的部分(參照第17頁)。

2. 依照上述【使用保鮮盒的做法】步驟4～5來製作。

[焦糖炒堅果的製作方法]

1. 將甜菜糖和水加入鍋子內，開火加熱，沸騰之後再加入堅果，拌炒
至堅果上色、出現些微焦香的程度(若使用未經烘烤的生堅果仁，請事
先以平底鍋乾鍋小火將堅果仁翻炒過，注意不要燒焦)。

2. 在料理方盤中鋪一層烘焙紙，放上炒好的焦糖炒堅果，靜置冷卻。

白巧克力 &
蘭姆酒漬葡萄乾冰淇淋

WHITE CHOCOLATE AND RUM RAISIN ICE CREAM

非常適合在大人的聚會時分享品嚐的蘭姆酒漬葡萄乾冰淇淋。香草、白巧克力，
再搭配上充滿酒香的葡萄乾，口感豐厚迷人，組合出不凡的高雅滋味。

[食材] 3~4 人份

牛奶 ⋯⋯ 250ml

蛋黃 ⋯⋯ 2 個

甜菜糖 ⋯⋯ 20g

頂級白巧克力＊(couverture white chocolate) ⋯⋯ 60g

蘭姆酒漬葡萄乾
(市售品，若要自製請參照右方做法) ⋯⋯ 20g～

蘭姆酒漬葡萄乾方便製作的分量

葡萄乾 ⋯⋯ 100g

蘭姆酒 ⋯⋯ 適量

＊註：作者選用高級的烘焙用調溫白巧克力(couverture white chocolate)，總可可含量35%以上、可可脂31%以上，不含或極低的其它油脂成分。

[使用保鮮盒的做法]

1. 將蛋黃和甜菜糖加入保鮮盒中，充分混合均勻。

2. 將牛奶分次慢慢倒入1中，攪拌至均質乳化狀態。

3. 將2蓋上盒蓋，放入微波爐加熱1分鐘，取出保鮮盒，以打蛋器攪拌均勻。逐次加熱10秒、取出攪拌均勻，反覆此動作一直到原料液變得稍微濃稠爲止。

4. 加入切得細碎的白巧克力末，混合均勻，利用餘熱融化白巧克力。

5. 將原料液過濾至另外一個保鮮盒中，加入切碎的蘭姆酒漬葡萄乾，混合均勻，將保鮮盒浸入冰水盆中降溫冷卻。

6. 將5蓋上盒蓋，放入冰箱冷凍3～4小時，待原料液初步結凍凝固之後，從冷凍庫中取出，以湯匙將全體均勻刨碎。反覆此步驟2～3次，冰淇淋冷凍完成。

[使用鍋子的做法]

1. 將牛奶和一半分量的甜菜糖加入鍋子內，混合均勻，開火加熱至快要沸騰的程度。

2. 另外拿一個容器，加入蛋黃和剩下一半的甜菜糖，混合均勻，將1分次慢慢加入並攪拌至均質乳化狀態，再倒回原本的鍋子內。

3. 開小火加熱2，持續攪拌，一直煮到原料液變得濃稠爲止(大概是以木鏟或耐熱矽膠抹刀掬起原料液，用手指觸摸之後的痕跡會暫留一下、不會馬上消失的狀態)。

4. 依照上述【使用保鮮盒的做法】步驟4～6來製作。

[蘭姆酒漬葡萄乾的製作方法]

1. 如果是使用橄欖油漬葡萄乾，事先以熱水沖燙去除油分，以濾網瀝乾，再以廚房紙巾拭乾多餘水氣。

2. 將1放入乾淨的玻璃瓶中，注入蘭姆酒至完全淹過葡萄乾的高度，靜置浸泡3天以上讓酒香入味。

黑芝麻冰淇淋

BLACK SESAME ICE CREAM

使用有益美容和健康的黑芝麻製成冰淇淋，相當受到女性歡迎的甜點。
一入口，立刻感受到滿滿的黑芝麻香氣襲來，充滿味蕾享受的幸福時光。

不使用 〉 白砂糖

[食材] 3~4人份

牛奶…… 300ml
蛋黃…… 2個
甜菜糖…… 60g
黑芝麻醬(無糖)…… 80g

[使用保鮮盒的做法]

1. 以左述食材，依照基本款的香草冰淇淋(濃厚型)【使用保鮮盒的做法】步驟1～4來製作，去除其中香草的部分(參照第17頁)。

2. 將原料液過濾至另外一個保鮮盒中，加入黑芝麻醬，混合均勻，將保鮮盒浸入冰水盆中降溫冷卻。

3. 將2蓋上盒蓋，放入冰箱冷凍3～4小時，待原料液初步結凍凝固之後，從冷凍庫中取出，以湯匙將全體均勻刨碎。反覆此步驟2～3次，冰淇淋冷凍完成。

[使用鍋子的做法]

1. 以左述食材，依照基本款的香草冰淇淋(濃厚型)【使用鍋子的做法】步驟1～3來製作，去除其中香草的部分(參照第17頁)。

2. 依照上述【使用保鮮盒的做法】步驟2～3來製作。

黑豆 & 紅豆冰淇淋

BLACK BEAN AND RED BEAN ICE CREAM

經典日式冰品紅豆冰淇淋的升級版,混搭黑豆打造豐富口感及變化韻味!
使用市售紅豆和黑豆,毫不費力快速完成美味點心,也是這道和風甜點受歡迎的原因。

[食材] 3~4人份

牛奶 …… 300ml

蛋黃 …… 1個

甜菜糖 …… 50g

蜜紅豆(加糖市售品) …… 40g

水煮黑豆(市售品) …… 20g

裝飾用水煮黑豆(市售品) …… 適量

[使用保鮮盒的做法]

1. 以左述食材,依照基本款的香草冰淇淋(濃厚型)【使用保鮮盒的做法】步驟1 ～ 5來製作,去除其中香草的部分(參照第17頁)。

2. 將1蓋上盒蓋,放入冰箱冷凍3 ～ 4小時,待原料液初步結凍凝固之後,從冷凍庫中取出,以湯匙將全體均勻刨碎。反覆此步驟2 ～ 3次,冰淇淋冷凍完成。最後再加入蜜紅豆粒和切得細碎的水煮黑豆,混合均勻。

3. 依個人喜好裝飾上水煮黑豆粒即完成。

[使用鍋子的做法]

1. 以左述食材,依照基本款的香草冰淇淋(濃厚型)【使用鍋子的做法】步驟1 ～ 3來製作,去除其中香草的部分(參照第17頁)。

2. 依照上述【使用保鮮盒的做法】步驟2 ～ 3來製作。

抹茶冰淇淋

MACCHA ICE CREAM

不只在日本相當受歡迎,在世界各國也擁有超高人氣的抹茶風味冰淇淋。
就像是直接將馥郁清香的抹茶含在口中一樣,十分醇厚雅緻的滋味。

不使用 〉 白砂糖

[食材] 3~4人份

牛奶 …… 300ml
蛋黃 …… 2個
甜菜糖 …… 60g
抹茶粉 …… 5g(1大匙)

[使用保鮮盒的做法]

1. 將甜菜糖和抹茶粉加入保鮮盒中,充分混合之後再加入雞蛋,攪拌均勻。

2. 將牛奶分次慢慢倒入1中,攪拌至均質乳化狀態。將保鮮盒蓋上盒蓋,放入
   微波爐加熱1分鐘,取出之後以打蛋器攪拌均勻。逐次加熱10秒、取出攪拌
   均勻,反覆此動作一直到原料液變得稍微濃稠爲止。

3. 以濾網將2過濾至另一個保鮮盒中,浸入冰水盆中降溫冷卻。

4. 將3蓋上盒蓋,放入冰箱冷凍3～4小時,待原料液初步結凍凝固之後,從
   冷凍庫中取出,以湯匙將全體均勻刨碎。反覆此步驟2～3次,冰淇淋冷凍
   完成。

[使用鍋子的做法]

1. 將牛奶和一半分量的甜菜糖加入鍋子內,混合均勻,開火加熱至快要沸騰的
   程度。

2. 另外拿一個容器,加入抹茶和剩下一半的甜菜糖,充分混合,加入雞蛋攪拌
   均勻,將1分次慢慢加入並攪拌至均質乳化狀態,再倒回原本的鍋子內。

3. 開小火加熱2,持續攪拌,一直煮到原料液變得濃稠爲止(大概是以木鏟或耐熱
   矽膠抹刀掬起原料液,用手指觸摸之後的痕跡會暫留一下、不會馬上消失的狀態)。

4. 依照上述【使用保鮮盒的做法】步驟3～4來製作。

番茄羅勒冰淇淋

TOMATO BASIL ICE CREAM

不只適合單獨作為點心來吃，也很適合作為佐餐甜品，風味獨特的冰淇淋。
番茄的酸味和羅勒的香氣是最佳拍檔，讓人忍不住一口接一口大快朵頤。

不使用 ▶ 白砂糖

[食材] 4~5人份

牛奶 …… 300ml

蛋黃 …… 3個

甜菜糖 …… 80g

番茄 …… 4個(約300g)

檸檬汁 …… 1小匙

羅勒葉 …… 2 ～ 4片(依個人喜好)

[使用保鮮盒的做法]

1. 將蛋黃和甜菜糖加入保鮮盒中，充分混合均勻。

2. 將牛奶分次慢慢倒入1中，攪拌至均質乳化狀態。

3. 將2蓋上盒蓋，放入微波爐加熱1分鐘，取出保鮮盒，以打蛋器攪拌均勻。逐次加熱10秒、取出攪拌均勻，反覆此動作一直到原料液變得稍微濃稠為止。

4. 在番茄的頂部劃上淺十字刀痕，以熱水快速汆燙過，當刀痕附近的果皮微微掀起時，將番茄撈起改泡入冰水中冰鎮，剝去外皮。

5. 將4放入另外一個保鮮盒中，加入檸檬汁，以叉子搗碎成細碎泥狀，混合均勻。

6. 以濾網將3過濾加入5中，再加入切得細碎的羅勒葉，混合均勻，將保鮮盒浸入冰水盆中降溫冷卻。

7. 將6蓋上盒蓋，放入冰箱冷凍3 ～ 4小時，待原料液初步結凍凝固之後，從冷凍庫中取出，以湯匙將全體均勻刨碎。反覆此步驟2 ～ 3次，冰淇淋冷凍完成。

[使用鍋子的做法]

1. 做法如基本款的香草冰淇淋(濃厚型)【使用鍋子的做法】步驟1 ～ 3，去除其中香草的部分(參照第17頁)。

2. 在番茄的頂部劃上淺十字刀痕，以熱水快速汆燙過，當刀痕附近的果皮微微掀起時，將番茄撈起改泡入冰水中冰鎮，剝去外皮。

3. 依照上述【使用保鮮盒的做法】步驟5 ～ 7來製作。

栗子冰淇淋

MARRON ICE CREAM

使用蘭姆酒調味，稍微成熟大人風味的栗子冰淇淋。
濃郁香草混搭基本口味和栗子製成的冰淇淋，完美激盪出融化人心的幸福時光。

[食材] 3~4人份

牛奶……300ml

蛋黃……2個

甜菜糖……50g

栗子奶油……100g

澀皮栗＊……4粒

蘭姆酒……1大匙

註：「澀皮栗」是日本對於栗子特有的烹調方式，將
栗子去掉外層硬皮，保留內層薄皮，再以大量的糖
熬煮至軟化入味。由於栗子內層薄皮含有單寧酸，
有澀味，故稱為澀皮栗。

[使用保鮮盒的做法]

1. 以左述食材，依照基本款的香草冰淇淋(濃厚型)【使用保鮮盒的做法】步驟1～4來製作，去除香草的部分(參照第17頁)。

2. 將1分成二等份，分別過濾至二個保鮮盒中，其中一個保鮮盒多加入栗子奶油和蘭姆酒，混合均勻，將二個保鮮盒分別浸入冰水盆加入中降溫冷卻。

3. 將2的二個保鮮盒分別蓋上盒蓋，放入冰箱冷凍3～4小時，待原料液初步結凍凝固之後，從冷凍庫中取出，以湯匙將全體均勻刨碎。反覆此步驟2～3次，二盒冰淇淋冷凍完成。最後再將二種冰淇淋混合，做成漂亮的大理石紋路，加入切碎的澀皮栗點綴。

[使用鍋子的做法]

1. 以左述食材，依照基本款的香草冰淇淋(濃厚型)【使用鍋子的做法】步驟1～3來製作，去除香草的部分(參照第17頁)。

2. 依照上述【使用保鮮盒的做法】步驟2～3來製作。

黑糖核桃冰淇淋

WALNUTS AND BROWN SUGAR ICE CREAM

核桃的豐厚香氣和黑糖帶有深度的溫潤甘甜相互交織,共譜悠揚動人的美味和弦。
酥脆爽口的核桃,讓冰淇淋吃起來的口感充滿變化,樂趣無窮。

不使用 〉 白砂糖

[食材] 5~6人份

牛奶 ⋯⋯ 400ml

蛋黃 ⋯⋯ 3個

黑糖 ⋯⋯ 100g

香草豆莢
(或是改用少許香草油也可以) ⋯⋯ 1/3支

核桃(烘烤過) ⋯⋯ 40g

[使用保鮮盒的做法]

1. 以左述食材,依照基本款的香草冰淇淋(濃厚型)【使用保鮮盒的做法】步驟1 ～ 6來製作,將其中的甜菜糖改成黑糖(參照第17頁)。

2. 將切得細碎的核桃混入冰淇淋中,攪拌均勻即完成。

[使用鍋子的做法]

1. 以左述食材,依照基本款的香草冰淇淋(濃厚型)【使用鍋子的做法】步驟1 ～ 4來製作,將其中的甜菜糖改成黑糖(參照第17頁)。

2. 將切得細碎的核桃混入冰淇淋中,攪拌均勻即完成。

藍莓冰淇淋夾心三明治

BLUEBERRY ICE CREAM SANDWICH

酸甜可口的藍莓冰淇淋搭配上市售餅乾，做成美味的夾心三明治。
只要學會藍莓果醬的做法，準備甜點時就非常便利，把藍莓果醬作為冰淇淋的淋醬也超級好吃。

[食材] 3~4人份

牛奶 …… 300ml

蛋黃 …… 2個

甜菜糖 …… 50g

藍莓果醬(做法請參照右方) …… 80g

餅乾(市售品) …… 6～8片

藍莓果醬方便製作的分量

藍莓 …… 150g

甜菜糖 …… 70g

檸檬汁 …… 1小匙

[使用保鮮盒的做法]

1. 將蛋黃和甜菜糖加入保鮮盒中，充分混合均勻。

2. 將牛奶分次慢慢倒入1中，攪拌至均質乳化狀態。

3. 將2蓋上盒蓋，放入微波爐加熱1分鐘，取出保鮮盒，以打蛋器攪拌均勻。逐次加熱10秒、取出攪拌均勻，反覆此動作一直到原料液變得稍微濃稠為止。

4. 將3蓋上盒蓋，放入冰箱冷凍3～4小時，待原料液初步結凍凝固之後，從冷凍庫中取出，以湯匙將全體均勻刨碎。反覆此步驟2～3次，冰淇淋冷凍完成。最後再加入藍莓果醬，攪拌混合拌勻，再次冷凍塑形。

5. 待冰淇淋凝固後，雙面以餅乾夾起來，做成夾心三明治。

[使用鍋子的做法]

1. 以上述食材，依照基本款的香草冰淇淋(濃厚型)【使用鍋子的做法】步驟1～3來製作，去除其中香草的部分(參照第17頁)。

2. 依照上述【使用保鮮盒的做法】步驟4～5來製作。

[藍莓果醬的製作方法]

1. 將藍莓和甜菜糖加入保鮮盒中，充分混合均勻，靜置於室溫中約30分鐘。

2. 將檸檬汁加入1中，蓋上盒蓋，放入微波爐加熱1～2分鐘，取出保鮮盒，以打蛋器攪拌均勻。接著逐次加熱1分鐘、取出攪拌，過程中耐心撈起白色浮沫，反覆加熱及攪拌的動作一直到果醬變得濃稠為止。

焙茶甘
納豆冰淇淋

ROASTED GREEN TEA AND
AMANATTŌ ICE CREAM

使用最近在全世界人氣大爆發的焙茶，製作出「焙茶拿鐵」風味冰淇淋。日式焙茶的香氣雅緻，點綴上口感綿密的甘納豆，令人一口接一口的上癮滋味。

[食材] 3～4人份

牛奶……300ml
蛋黃……2個
甜菜糖……60g
焙茶(茶葉)……10g
甘納豆……40g

[使用保鮮盒的做法]

1. 將牛奶加入保鮮盒中，蓋上盒蓋，放入微波爐加熱1分～1分半，使之沸騰(如果牛奶沒有沸騰的話，就持續分次加熱直到沸騰為止)，加入焙茶茶葉，蓋上盒蓋浸泡5～7分鐘。

2. 另外拿一個保鮮盒，加入蛋黃和甜菜糖，充分混合均勻，再以濾網將1過濾加入保鮮盒內。蓋上盒蓋，放入微波爐加熱1分鐘，取出保鮮盒，以打蛋器攪拌均勻。接著逐次加熱10秒、取出攪拌均勻，反覆此動作一直到原料液變得稍微濃稠為止。

3. 以濾網將2過濾至另一個保鮮盒中，浸入冰水盆中降溫冷卻。

4. 將3蓋上盒蓋，放入冰箱冷凍3～4小時，待原料液初步結凍凝固之後，從冷凍庫中取出，以湯匙將全體均勻刨碎。反覆此步驟2～3次，冰淇淋冷凍完成。最後再加入甘納豆，混合均勻即完成。

[使用鍋子的做法]

1. 將牛奶加入鍋子中，開火加熱至沸騰之後立即關火，放入焙茶茶葉，蓋上鍋蓋，浸泡5～7分鐘。

2. 另外拿一個容器，加入蛋黃和甜菜糖，混合均勻，以濾網將1過濾分次慢慢加入並攪拌至均質乳化狀態，再倒回原本的鍋子內。

3. 開小火加熱2，持續攪拌，一直煮到原料液變得濃稠為止(大概是以木鏟或耐熱矽膠抹刀掬起原料液，用手指觸摸之後的痕跡會暫留一下、不會馬上消失的狀態)。

4. 依照上述【使用保鮮盒的做法】步驟3～4來製作。

4

—

冰淇淋
雪酪篇

ICE CREAM : SHERBET

最能夠享受到水果和蔬菜天然滋味的雪酪，其實做法非常簡單，
不過美味度可是完全不打折。這些食譜配方都是低糖度、吃起來清爽暢快，
非常適合在溽暑沒有精神或是食慾不振的時候大快朵頤一番。

柚子青紫蘇雪酪
→ 第72頁

覆盆子雪酪
→ 第73頁

奇異果雪酪
→ 第74頁

蜂蜜檸檬雪酪
→ 第74頁

芒果雪酪
→ 第76頁

葡萄雪酪
→第78頁

烤蘋果雪酪
→ 第79頁

香檳雪酪
→ 第80頁

鳳梨雪酪
→ 第82頁

薄荷紅茶雪酪
→ 第84頁

山茼蒿蘋果雪酪
→ 第86頁

柚子青紫蘇雪酪

YUZU AND MACROPHYLL SHERBET

柚子和青紫蘇的特有清新香氣撲鼻而來，令人神清氣爽。
自己親手製作的低糖雪酪，清涼爽口，好像不管多少都吃得下。

不使用〉 乳製品 雞蛋 白砂糖

[食材] 3~4 人份

水 ⋯⋯ 250ml

甜菜糖 ⋯⋯ 70g

青紫蘇葉 ⋯⋯ 4 片

柚子皮(磨碎的檸檬皮屑) ⋯⋯ 1/2 個份

柚子汁 ⋯⋯ 1 小匙

檸檬汁 ⋯⋯ 12g

青紫蘇葉(切碎) ⋯⋯ 2 ～ 3 片份

[使用保鮮盒的做法]

1. 將水和甜菜糖加入保鮮盒中，蓋上盒蓋，放入微波爐加熱 1 分鐘，攪拌均勻。逐次加熱 10 秒、取出攪拌均勻，反覆此動作數次一直到甜菜糖完全溶解爲止，接著加入以手搓揉過的青紫蘇葉片，靜置冷卻。

2. 稍微擠壓一下青紫蘇葉片，去除葉片殘渣。以濾網將 1 過濾至另一個保鮮盒中，加入柚子皮、柚子汁、檸檬汁、青紫蘇葉(切碎)，攪拌均勻。

3. 將 2 蓋上盒蓋，放入冰箱冷凍 3 ～ 4 小時，待原料液初步結凍凝固之後，從冷凍庫中取出，以湯匙將全體均勻刨碎。反覆此步驟 2 ～ 3 次，雪酪冷凍完成。

[使用鍋子的做法]

1. 將水和甜菜糖加入鍋子內，開火加熱，待甜菜糖完全溶解之後即關火，加入以手搓揉過的青紫蘇葉片，靜置冷卻。

2. 依照上述【使用保鮮盒的做法】步驟 2 ～ 3 來製作。

覆盆子雪酪

RASPBERRY SHERBET

亮麗鮮豔的莓紅色澤十分引人注目，特別適合奢華、熱鬧的場合。
將覆盆子的酸甜滋味凝縮於一杯之中，令人不自覺上癮的雪酪甜品。

不使用 〉 乳製品　雞蛋　白砂糖

[食材] 3~4人份

覆盆子果泥
（冷凍果泥，或是冷凍的覆盆子果粒）
　…… 250g
水…… 30ml
甜菜糖…… 50g
蜂蜜…… 10g
檸檬汁…… 1/2 小匙
冷凍覆盆子果粒（裝飾用）…… 適量

[使用保鮮盒的做法]

1. 將水和甜菜糖加入保鮮盒中，蓋上盒蓋，放入微波爐加熱1分鐘，攪拌均勻。接著逐次加熱10秒、取出攪拌均勻，反覆此動作數次一直到甜菜糖完全溶解為止，靜置冷卻。

2. 將蜂蜜、覆盆子果泥、檸檬汁入1中，攪拌均勻（如果使用覆盆子果粒，請先使用食物攪拌器打成碎泥之後再加入）。

3. 將2蓋上盒蓋，放入冰箱冷凍3～4小時，待原料液初步結凍凝固之後，從冷凍庫中取出，以湯匙將全體均勻刨碎。反覆此步驟2～3次，雪酪冷凍完成。盛入容器中，依個人喜好裝飾上覆盆子果粒。

[使用鍋子的做法]

1. 將水和甜菜糖加入鍋子內，開火加熱，待甜菜糖完全溶解之後即關火，靜置冷卻。

2. 依照上述【使用保鮮盒的做法】步驟2～3來製作。

奇異果雪酪

KIWI SHERBET

比起直接吃掉一顆新鮮的奇異果，不如享用一杯濃縮奇異果酸甜精華、口感濃郁的
雪酪。融化於舌尖的綿潤冰涼，激盪出感動的旋律。

不使用 〉 乳製品　雞蛋　白砂糖

[食材] 3~4人份

奇異果……280g　　　　　　水……50ml
檸檬汁……1小匙　　　　　　甜菜糖……90g

[使用保鮮盒的做法]

1. 將水和甜菜糖加入保鮮盒中，蓋上盒蓋，放入微波爐加熱1分鐘，攪拌均勻。
   接著逐次加熱10秒、取出攪拌均勻，反覆此動作數次一直到甜菜糖完全溶
   解為止，靜置冷卻。

2. 去除奇異果的外皮和中間較硬的果芯，以攪拌器打碎，量測取280g的果泥，
   和檸檬汁一起加入1中，攪拌均勻。

3. 將2蓋上盒蓋，放入冰箱冷凍3～4小時，待原料液初步結凍凝固之後，從冷
   凍庫中取出，以湯匙將全體均勻刨碎。反覆此步驟2～3次，雪酪冷凍完成。

[使用鍋子的做法]

1. 將水和甜菜糖加入鍋子內，開火加熱，快要沸騰時關火，靜置冷卻。

2. 依照上述【使用保鮮盒的做法】步驟2～3來製作。

蜂蜜檸檬雪酪

HONEY LEMON SHERBET

在大魚大肉飽餐一頓之後，很適合端出一碗充滿清涼感的雪酪，幫助去油解膩、
轉換一下口味。恰到好處的微酸甘甜，令人毫無招架之力的極致美味。

不使用 〉 乳製品　雞蛋　白砂糖

[食材] 5~6人份

檸檬汁……125ml　　　　　　水……250ml
檸檬皮 (磨碎的檸檬皮屑)……1個份　　蜂蜜……200g

[使用保鮮盒的做法]

1. 將所有的食材加入保鮮盒中，充分混合均勻。

2. 將1蓋上盒蓋，放入冰箱冷凍3～4小時，待原料液初步結凍凝固之後，從
   冷凍庫中取出，以湯匙將全體均勻刨碎。反覆此步驟2～3次，雪酪冷凍完成。

芒果雪酪

MANGO SHERBET

使用新鮮多汁的芒果製成，濃郁清香、口感豐潤的奢侈雪酪，令人口齒留香。如果手邊一時無法取得新鮮的芒果，也可以改用冷凍芒果來取代。

不使用 〉 乳製品　雞蛋　白砂糖

[食材] 3~4人份

愛文芒果(熟透) …… 250g(淨重)
水 …… 50ml
甜菜糖 …… 30g
蜂蜜 …… 20g
檸檬汁 …… 1小匙

[使用保鮮盒的做法]

1. 將水和甜菜糖加入保鮮盒中，蓋上盒蓋，放入微波爐加熱1分鐘，攪拌均勻。接著逐次加熱10秒、取出攪拌均勻，反覆此動作數次一直到甜菜糖完全溶解為止。加入蜂蜜，混合均勻，靜置冷卻。

2. 將芒果去皮、去種籽，以攪拌器將芒果、檸檬汁和1打碎混合均勻，放入保鮮盒中。

3. 將2蓋上盒蓋，放入冰箱冷凍3～4小時，待原料液初步結凍凝固之後，從冷凍庫中取出，以湯匙將全體均勻刨碎。反覆此步驟2～3次，雪酪冷凍完成。

[使用鍋子的做法]

1. 將水和甜菜糖加入鍋子內，開火加熱，待甜菜糖完全溶解之後即關火，靜置冷卻。

2. 依照上述【使用保鮮盒的做法】步驟2～3來製作。

葡萄雪酪

GRAPE SHERBET

輕盈芬芳的葡萄果香在舌尖上跳舞,酸甜多汁交織出迷人清新的餘韻。
使用100%葡萄汁來製作雪酪,不只步驟簡單,也非常節省時間。

不使用 〉 乳製品 雞蛋 白砂糖

[食材] 3~4人份

葡萄汁(100%) …… 300ml
檸檬汁 …… 1大匙
楓糖漿 …… 90g

[使用保鮮盒的做法]

1. 將所有的食材加入保鮮盒中並充分混合均勻,蓋上盒蓋,放入冰箱冷凍。經過3～4小時,待原料液初步結凍凝固之後,從冷凍庫中取出,以湯匙將全體均勻刨碎。反覆此步驟2～3次,雪酪冷凍完成。

烤蘋果雪酪

BAKED APPLE SHERBET

以糖炒蘋果的方式來料理，彷彿以蘋果派內餡製作而成的獨特風味雪酪。雖然步驟比較
繁雜一些，不過卻是充滿深度的味覺饗宴！

不使用 〉 乳製品　雞蛋　白砂糖

[食材] 3~4人份

蘋果 …… 250g（淨重）

A ┌ 甜菜糖 …… 40g
　└ 水 …… 1大匙

水 …… 50ml

蜂蜜 …… 1大匙

肉桂粉 …… 少許

[使用保鮮盒的做法]

1. 去除蘋果的外皮和中間較硬的果芯，分切成8等份的蘋果片。

2. 將 A 加入平底鍋內，開火加熱，待甜菜糖溶解後，加入1，持續
   拌炒至蘋果片完全呈現焦糖色的狀態，撒入肉桂粉，接著改以攪
   拌器打碎拌勻至泥狀，裝入保鮮盒中。

3. 將水和蜂蜜加入2中，混合均勻之後蓋上盒蓋，放入冰箱冷凍3
   ～ 4小時，待原料液初步結凍凝固之後，從冷凍庫中取出，以湯
   匙將全體均勻刨碎。反覆此步驟2 ～ 3次，雪酪冷凍完成。

香檳雪酪

CHAMPAGNE SHERBET

香檳清新奔放的香氣撲鼻而來，優雅別緻、充滿奢華格調的大人風味雪酪。只要在
製作過程中將酒精成分揮發掉，不擅長飲酒的人也能放心享用。

不使用 〉 乳製品 雞蛋 白砂糖

[食材] 3 ～ 4 人份

香檳 ⋯⋯ 200ml
水 ⋯⋯ 150ml
甜菜糖 ⋯⋯ 70g
檸檬汁 ⋯⋯ 1 小匙

[使用保鮮盒的做法]

1. 將水和甜菜糖加入保鮮盒中，蓋上盒蓋，放入微波爐加熱 1 分鐘，混合均勻，
   靜置冷卻。若甜菜糖沒有完全溶解，必須反覆逐次加熱和攪拌的動作數次，
   一直到甜菜糖完全溶解為止。

2. 加入香檳和檸檬汁，混合均勻(如果希望讓酒精成分揮發掉的話，在步驟 1 時就先
   加入香檳一起加熱)。

3. 將 2 蓋上盒蓋，放入冰箱冷凍。經過 3 ～ 4 小時，待原料液初步結凍凝固之後，
   從冷凍庫中取出，以湯匙將全體均勻刨碎。反覆此步驟 2 ～ 3 次，雪酪冷凍完成。

[使用鍋子的做法]

1. 將水和甜菜糖加入鍋子內，開火加熱，待甜菜糖完全溶解之後即關火，靜置
   冷卻。

2. 依照上述【使用保鮮盒的做法】步驟 2 ～ 3 來製作。

鳳梨雪酪

PINEAPPLE SHERBET

充滿熱帶風情的雪酪，一入口彷彿引領心神前往南國，來場熱情奔放的旅行。
以新鮮多汁的鳳梨來製作，馥郁芳香的甜美與酸澀交織，充滿獨特魅力。

不使用 〉 乳製品　雞蛋　白砂糖

[食材] 3~4人份

鳳梨(生) …… 200g(淨重)
水 …… 75ml
甜菜糖 …… 55g
檸檬汁 …… 10ml
櫻桃酒(Kirsch) …… 3g
蜜漬鳳梨乾(做法參照右方) …… 適量

蜜漬鳳梨乾方便製作的分量
鳳梨 …… 適量
蜂蜜 …… 適量

[使用保鮮盒的做法]

1. 將水和甜菜糖加入保鮮盒中，蓋上盒蓋，放入微波爐加熱1分鐘，攪拌均勻。接著逐次加熱10秒、取出攪拌均勻，反覆此動作數次一直到甜菜糖完全溶解為止，靜置冷卻。

2. 去除鳳梨的外皮和中間較硬的果芯，量測取200g的果肉，和1混合一起以攪拌器打碎，放回保鮮盒中，加入檸檬汁和櫻桃酒，混合均勻。

3. 將2蓋上盒蓋，放入冰箱冷凍。放入冰箱冷凍3～4小時，待原料液初步結凍凝固之後，從冷凍庫中取出，以湯匙將全體均勻刨碎。反覆此步驟2～3次，雪酪冷凍完成。

4. 最後裝飾上蜜漬鳳梨乾，完成。

[使用鍋子的做法]

1. 將水和甜菜糖加入鍋子內，開火加熱，待甜菜糖完全溶解之後即關火，靜置冷卻。

2. 依照上述【使用保鮮盒的做法】步驟2～4來製作。

[蜜漬水果乾的製作方法]

喜歡的水果
(蘋果、鳳梨、奇異果、香蕉、地瓜、草莓、柳橙、檸檬等) …… 適量
蜂蜜 …… 適量

1. 將水果切成1～2mm厚的薄片，在烤盤鋪上烘焙紙，將水果片整齊排列在烤盤內，以料理刷塗上薄薄一層的蜂蜜。

2. 放入烤箱中，以110度烘烤1～3小時(根據水果片的厚度、含水量或尺寸的不同，烘烤時間也各有差異。觀察水果片外觀烤至完全乾燥狀態即可)。

薄荷紅茶雪酪

TEA AND MINT SHERBET

使用紅茶製成的雪酪，柔亮甘潤、芬芳迷人，也很適合在下午茶的時間品嚐。
點綴以薄荷葉的爽朗香氣，更增添一層清新優雅的質感。

不使用 〉 乳製品　雞蛋　白砂糖

[食材] 3~4人份

紅茶(茶包‧格雷伯爵茶) …… 2 包(4g)
水 …… 400ml
甜菜糖 …… 90g
檸檬汁 …… 2 小匙
薄荷葉 …… 20 片左右

[使用保鮮盒的做法]

1. 將水加入保鮮盒中，蓋上盒蓋，放入微波爐加熱4分鐘，使之沸騰(如果水沒有沸騰的話，就持續分次加熱直到沸騰為止)，接著加入紅茶包，再次蓋上盒蓋，浸泡5分鐘，取出紅茶包。

2. 接著逐次加熱10秒、取出攪拌均勻，反覆此動作數次一直到甜菜糖完全溶解為止，靜置冷卻。

3. 將檸檬汁加入2中，混合均勻，蓋上盒蓋，放入冰箱冷凍。經過3～4小時，待原料液初步結凍凝固之後，從冷凍庫中取出，以湯匙將全體均勻刨碎。反覆此步驟2～3次，雪酪冷凍完成。最後再加入切碎的薄荷葉，混合攪拌均勻。

[使用鍋子的做法]

1. 將水加入鍋子內，開火加熱至沸騰之後關火，加入紅茶包，蓋上鍋蓋，浸泡5分鐘，取出紅茶包。

2. 接著加入甜菜糖，攪拌至完全溶解之後靜置冷卻(若甜菜糖沒有完全溶解，就再次開火加熱至完全溶解為止)。

3. 將2移到保鮮盒中，接著依照上述【使用保鮮盒的做法】步驟3來製作。

山茼蒿蘋果雪酪

APPLE AND SHUNGIKU SHERBET

蘋果混搭山茼蒿，至今前所未見的創意組合令人驚喜萬分！
當山茼蒿的微苦碰上蘋果的微甜，激盪出耐人尋味的新奇美味。

[不使用] 乳製品　雞蛋　白砂糖

[食材] 3~4人份

蘋果 …… 100g(淨重)

山茼蒿
(取葉片和較細軟的嫩莖部分，除去較粗硬的部位) …… 35g

水 …… 100ml

A ┌ 甜菜糖 …… 50g
　└ 水 …… 2大匙

蜂蜜 …… 50g

檸檬汁 …… 1小匙

[使用保鮮盒的做法]

1. 去除蘋果的種籽和中間較硬的果芯，分切成一小口的大小，量測取100g的分量，以攪拌器將蘋果、山茼蒿和水混合打碎。

2. 將A加入保鮮盒中，蓋上盒蓋，放入微波爐加熱1分鐘。接著逐次加熱10秒、取出攪拌均勻，反覆此動作數次一直到甜菜糖完全溶解為止。加入蜂蜜，混合均勻，靜置冷卻。

3. 將1和檸檬汁加入2中，混合均勻，蓋上盒蓋，放入冰箱冷凍3～4小時，待原料液初步結凍凝固之後，從冷凍庫中取出，以湯匙將全體均勻刨碎。反覆此步驟2～3次，雪酪冷凍完成。

[使用鍋子的做法]

1. 去除蘋果的種籽和中間較硬的果芯，分切成一小口的大小，量測取100g的分量，以攪拌器將蘋果、山茼蒿和水混合打碎。

2. 將A加入鍋子內，開火加熱，待甜菜糖完全溶解之後即關火，加入蜂蜜攪拌均勻，靜置冷卻。

3. 依照上述【使用保鮮盒的做法】步驟3來製作。

基本款的冰淇淋＋市售點心，

混搭出美味加分的高級甜點

只是將基本款的冰淇淋和各式市售點心自由搭配組合而已！
輕鬆將原本習以爲常的冰淇淋大升級，昇華成簡單卻無比可口的聖代，非常推薦。

[食材]

基本款的香草冰淇淋
（使用濃厚型，做法參照第17頁）
或是喜歡的冰淇淋口味
比利時鬆餅（市售品）
捲心酥（市售品）
棉花糖（市售品）
綜合堅果燕麥片（市售品）
草莓
藍莓
巧克力醬（做法參照第19頁）

＼ 完成了！ ／

[做法]

將綜合堅果燕麥片和分切成小塊的比利
時鬆餅放入玻璃杯內，再加入一球香草
冰淇淋。
放入切好的草莓、藍莓、棉花糖，插上
捲心酥，最後依個人喜好將巧克力醬淋
在冰淇淋上。

CHAPTER

5

—

冰淇淋
蛋糕篇

ICE CREAM : CAKE

雖然直接將冰淇淋盛裝到盤子上來享用也很不錯，
不過利用冰淇淋做成獨特的甜點，還是顯得別具心裁。
只要多花費一點點心思和時間，原本平凡無奇的冰淇淋就能華麗變身，
成為家庭派對或女子聚會上最吸睛的甜點，彰顯出主人的款待之心！

基本款的香草冰淇淋

冰淇淋大福
→ 第90頁

冰淇淋蛋糕
→ 第94頁

巧克力冰淇淋

冰淇淋大福
→ 第90頁

冰淇淋蛋糕
→ 第94頁

楓糖蘋果冰淇淋

楓糖蘋果派
→ 第92頁

冰淇淋大福（水果／巧克力）

ICE CREAM DAIFUKU

親自在家手作最受孩子們歡迎的冰淇淋大福，美味度不減，但是會比市售品來得更健康。
以日式牛皮麻糬包覆冰淇淋的製作步驟十分有趣，孩子們也樂於幫忙。

[食材] 各2個份

〈水果〉
基本款的香草冰淇淋(濃厚型，做法參照第17頁)) …… 160g
蜂蜜草莓醬(做法參照第25頁)或是其他喜歡的市售果醬 …… 適量
日式牛皮麻糬(自製做法參照下方或是使用市售品) …… 2片

〈巧克力〉
巧克力冰淇淋(做法參照第51頁) …… 160g
巧克力醬(做法參照第19頁) …… 適量
日式牛皮麻糬(自製做法參照下方或是使用市售品) …… 2片

日式牛皮麻糬(使用甜菜糖)方便製作的分量(6片份)
A
⌈ 白玉粉(糯米粉) …… 120g
  甜菜糖(若希望牛皮麻糬的顏色呈現白色，就改用上白糖) …… 120g
⌊ 水 …… 70ml
太白粉(馬鈴薯澱粉) …… 適量

[做法]

1. 將日式牛皮麻糬鋪在小飯碗上，使之呈半圓球型。

2. 放入一些香草冰淇淋或是巧克力冰淇淋，順著飯碗的形狀讓中央稍微凹陷一點。

3. 如果是使用香草冰淇淋，在2凹陷的地方淋上一些蜂蜜草莓醬(或果醬)；如果使用巧克力冰淇淋，就淋上巧克力醬。接著再疊上一層冰淇淋，最後以日式牛皮麻糬包覆起來，放入冰箱冷凍塑形。

[日式牛皮麻糬的製作方法]

1. 將A加入保鮮盒，混合均勻，蓋上盒蓋，放入微波爐加熱1分半，取出之後混合攪拌均勻。接著逐次加熱10秒、取出攪拌，反覆此動作數次一直到原料變得半透明爲止。

2. 將太白粉(馬鈴薯澱粉)均勻鋪一層在料理方盤中，再將1延展攤開平鋪在太白粉之上，切成6等份，分別塑形成約10cm的正方形麻糬片來使用。

楓糖蘋果派

MAPLE APPLE PIE

楓糖漿和蘋果的組合絕對是最佳拍檔，激盪出記憶中的經典美味。
簡直就像是陳列在甜點店櫥窗的高級甜點，一端出來必定能夠獲得大家的驚喜歡呼。

[食材] 3~4人份

牛奶 …… 300ml

蛋黃 …… 2個

楓糖 …… 80g

蘋果 …… 1個

A ┌ 楓糖 …… 60g
  └ 水 …… 2大匙

肉桂粉 …… 少許

干邑橙酒 (也可以使用白蘭地。若手邊沒有也沒關係)
…… 1/2 小匙

濃厚楓糖醬 (做法參照第19頁) …… 適量

派 (市售品) …… 適量

[使用保鮮盒的做法]

1. 去除蘋果的外皮和中間較硬的果芯，分切成8等份的蘋果片。

2. 將A加入平底鍋內，開火加熱，待楓糖溶解後，加入1，持續拌炒至蘋果片完全呈現焦糖色的狀態，接著加入干邑橙酒，關火降溫拌炒，撒入肉桂粉並混合均勻，靜置備用。

3. 另外拿一個保鮮盒，以上述食材，依照基本款的香草冰淇淋(濃厚型)【使用保鮮盒的做法】步驟1～5來製作，將甜菜糖改成楓糖，去除其中香草的部分(參照第17頁)。

4. 將3蓋上盒蓋，放入冰箱冷凍。經過3～4小時，待原料液初步結凍凝固之後，從冷凍庫中取出，以湯匙將全體均勻刨碎。反覆此步驟2～3次，冰淇淋冷凍完成。

5. 將冷凍完成的4和一半的2混合均勻，以上下二層派將冰淇淋夾起來，剩下另一半的2作為裝飾用。隨興地淋上濃厚楓糖醬，完成。

[使用鍋子的做法]

1. 依照上述【使用保鮮盒的做法】步驟1～2來製作。

2. 以上述食材，參考基本款的香草冰淇淋(濃厚型)【使用鍋子的做法】步驟1～3來製作，將甜菜糖改成楓糖，去除其中香草的部分(參照第17頁)。

3. 依照上述【使用保鮮盒的做法】步驟4～5來製作。

冰淇淋蛋糕

ICE CREAM CAKE

一端出繽紛豪華的冰淇淋蛋糕，彷彿就會見到孩子們的臉上綻放出大大笑容。
其實只是將二種冰淇淋和市售餅乾做搭配組合而已，做法相當簡單。

[**食材**] 直徑15cm的圓形蛋糕模或活動式蛋糕模1個份

巧克力冰淇淋(做法參照第51頁)…… 200g

基本款的香草冰淇淋(做法參照第17頁)…… 200g

‧冰淇淋不限上述種類，也可挑選其他喜歡的口味(如果只使用一種口味，分量須加倍)

市售海綿蛋糕…… 切片一枚

冷凍覆盆子果粒…… 6顆

市售餅乾…… 適量

西洋梨(罐頭 ※ 也可選擇其他喜歡的水果罐頭)…… 半顆份

A ┌ 覆盆子果醬(做法參照第19頁)…… 25g
　 └ 冷凍覆盆子果粒…… 25g

洋梨(裝飾用／罐頭 ※ 也可選擇其他喜歡的水果罐頭)…… 適量

[**做法**]

1. 先在圓形蛋糕模(或是活動式蛋糕模)鋪上保鮮膜，放上一層海綿蛋糕切片，接著加入香草冰淇淋，均勻撒入覆盆子果粒和切成小塊的洋梨丁，將冰淇淋的表面修整抹平，放入冰箱冷凍。

2. 待1的表面凝固變硬之後，再鋪上一層巧克力冰淇淋，將表面修整抹平，再次放入冰箱冷凍。

3. 整體冷凍凝固之後，將成品脫模，取下保鮮膜，將冰淇淋蛋糕盛裝入盤。

4. 在蛋糕的側面依序貼上餅乾，將A混勻之後淋在蛋糕表面，最後擺上西洋梨小丁裝飾，完成。

零失敗！低熱量的保鮮盒冰淇淋食譜：
用微波爐在自家重現手作冰淇淋專賣店的極致美味

作　　者 / 木村幸子 (Sachiko Kimura)
譯　　者 / 楊 裴 文
主　　編 / 蔡 月 薰
企　　劃 / 倪 瑞 廷
美術設計 / 楊 雅 屏
內頁編排 / 郭 子 伶

第五編輯部總監 / 梁芳春
董事長 / 趙政岷
出版者 / 時報文化出版企業股份有限公司
108019 台北市和平西路三段 240 號 7 樓
讀者服務專線 / 0800-231-705、(02) 2304-7103
讀者服務傳真 / (02) 2304-6858
郵撥 / 1934-4724 時報文化出版公司
信箱 / 10899 臺北華江橋郵局第 99 信箱
時報悅讀網 / www.readingtimes.com.tw
電子郵件信箱 / books@readingtimes.com.tw
法律顧問 / 理律法律事務所 陳長文律師、李念祖律師
印　　刷 / 勁達印刷有限公司
初版一刷 / 2021 年 5 月 21 日
定　　價 / 新台幣 320 元

時報文化出版公司成立於一九七五年，並於一九九九年股票上櫃公開發行，
於二○○八年脫離中時集團非屬旺中，以「尊重智慧與創意的文化事業」為信念。

零失敗！低熱量的保鮮盒冰淇淋食譜：用微波爐在自家重
現手作冰淇淋專賣店的極致美味 / 木村幸子作；楊裴文
翻譯. -- 初版. -- 臺北市：時報文化出版企業股份有限
公司, 2021.05

面；　公分

譯自：保存容器と電子レンジでできるアイスクリーム
＆シャーベット
　ISBN 978-957-13-8887-8(平裝)

1. 冰淇淋 2. 點心食譜

427.46　　　　　　　　　　　　　　110005383

保存容器と電子レンジでできるアイスクリーム＆シャーベット
© Sachiko Kimura & Shufunotomo Infos Co., LTD. 2019
Originally published in Japan by Shufunotomo Infos Co.,Ltd.
Translation rights arranged with Shufunotomo Co., Ltd.
Through Keio Cultural Enterprise Co., Ltd.